CLIMATOLOGIA

E LA DINAMICA ATMOSFERICA

JOSE RUIZ WATZECK

WATZECK HOME STUDIUS DIGITAL

Copyright © 2024 JOSE RUIZ WATZECK

Tutti i diritti riservati

Nessuna parte di questo libro può essere riprodotta o archiviata in un sistema di recupero né trasmessa in qualsivoglia forma o mediante qualsiasi mezzo, elettronico, meccanico, tramite fotocopie o registrazioni o in altro modo, senza l'autorizzazione scritta esplicita dell'editore.

ISBN-13: 9798879046489

Autore della copertina: WATZECK HOME STUDIUS DIGITAL

SOMMARIO

PREFAZIONE

La climatologia è un campo di studio essenziale e dinamico che ci offre uno sguardo penetrante sui complessi modelli meteorologici che modellano il nostro pianeta. Questo libro è stato meticolosamente realizzato per soddisfare le esigenze degli studenti universitari e degli appassionati di climatologia, fornendo una comprensione completa dei fondamenti e delle complesse interazioni che governano i sistemi climatici globali e regionali.

Nelle prossime pagine intraprenderemo un viaggio che inizia introducendo il vasto territorio della climatologia, contestualizzandone l'importanza e delineando i metodi di ricerca che supportano questa disciplina.

Esploreremo in modo approfondito la struttura e la composizione dell'atmosfera terrestre, i principi della radiazione solare e il suo ruolo cruciale nella regolazione termica terrestre. Comprenderemo la circolazione atmosferica globale e le sottigliezze dei sistemi frontali e dei disturbi atmosferici che influenzano direttamente il nostro clima quotidiano.

Passeremo ad esplorare le diverse tipologie di climi, dalle medie latitudini alle regioni tropicali, aride e polari. Ciascuno di questi climi ha le sue caratteristiche e implicazioni per la vita sulla Terra.

La discussione non si limita al presente, ma riguarda anche il cambiamento climatico e il suo innegabile impatto sui nostri ecosistemi e comunità globali. Affronteremo le strategie di adattamento e mitigazione, riconoscendo l'urgenza dell'azione collettiva.

Il libro culminerà con un approfondimento sugli strumenti e sui modelli avanzati utilizzati nella climatologia contemporanea, evidenziando il ruolo cruciale della tecnologia nella ricerca e nella previsione del clima.

Ogni capitolo è arricchito con casi di studio, grafica illuminante e attività pratiche, con l'obiettivo di fornire un'esperienza di apprendimento coinvolgente e applicabile.

Spero sinceramente che questo libro diventi una preziosa fonte di conoscenza e ispirazione per tutti coloro che cercano di comprendere e affrontare le sfide e le opportunità che il clima della Terra ci presenta.

CAPITOLO 1: INTRODUZIONE ALLA CLIMATOLOGIA

La climatologia, in quanto disciplina scientifica di ampio respiro, comprende una serie di campi di studio interconnessi che insieme formano una comprensione completa dei modelli e dei processi climatici. Questa introduzione si propone di fornire un'analisi dettagliata dei principali campi di studio che compongono la climatologia contemporanea.

1.1 Climatologia dinamica

La Climatologia Dinamica costituisce uno dei principali campi di studio all'interno della disciplina della climatologia. Si concentra sulla comprensione dei meccanismi fisici che guidano i movimenti dell'atmosfera e il comportamento dei sistemi climatici su diverse scale temporali e spaziali. Analizzeremo nel dettaglio gli elementi e i concetti fondamentali di quest'area di studio.

Circolazione atmosferica e correnti

La climatologia dinamica studia la circolazione atmosferica globale, che è vitale per la distribuzione del calore e dell'umidità in tutto il mondo. Comprendere i modelli delle correnti d'aria, dalle alte quote alla superficie terrestre, è essenziale per anticipare e spiegare le variazioni climatiche.

Sistemi ad alta e bassa pressione

L'analisi dei sistemi di alta e bassa pressione è centrale nella Climatologia Dinamica. Questi sistemi influenzano direttamente il tempo in una determinata regione. L'alta pressione generalmente porta condizioni più stabili e asciutte, mentre la bassa pressione è associata a sistemi meteorologici più instabili e spesso porta pioggia e instabilità.

Fronti e perturbazioni atmosferiche

Un altro obiettivo importante è la comprensione dei fronti atmosferici e dei disturbi meteorologici. I fronti sono zone di transizione tra masse d'aria con caratteristiche diverse (ad esempio temperatura e umidità) e sono spesso associati a bruschi cambiamenti climatici. I disturbi atmosferici come i cicloni e gli anticicloni svolgono un ruolo significativo nel determinare il tempo in una regione specifica.

Effetti topografici e correnti oceaniche

Anche l'orografia (rilievo) e la dinamica delle correnti oceaniche sono considerazioni importanti nella climatologia dinamica. Le caratteristiche geografiche di una regione possono influenzare i modelli meteorologici locali, creando notevoli microclimi e variazioni regionali.

Fenomeni climatici estremi

Questa sottoarea della Climatologia Dinamica si concentra sull'analisi degli eventi meteorologici estremi, come uragani, tornado e forti tempeste. Comprendere i meccanismi sottostanti che portano alla formazione e all'intensificazione di questi fenomeni è fondamentale per prevederne e mitigarne gli impatti.

Modelli e simulazioni climatiche

La climatologia dinamica fa anche ampio uso di modelli climatici computazionali per simulare e comprendere i modelli climatici. Questi modelli incorporano complesse equazioni fisiche e dinamiche per rappresentare il comportamento dell'atmosfera in risposta a varie variabili.

Una profonda comprensione della climatologia dinamica è essenziale per prevedere e comprendere gli eventi meteorologici, dai modelli meteorologici giornalieri alle variazioni climatiche a lungo termine. Inoltre, è essenziale per valutare le implicazioni dei cambiamenti climatici in corso e formulare strategie di adattamento e mitigazione.

L'integrazione dei concetti di Climatologia Dinamica con altri sottoambiti della climatologia offre una visione completa dei complessi fenomeni climatici che interessano il nostro pianeta.

1.2 Climatologia sinottica

La climatologia sinottica è dedicata allo studio delle condizioni atmosferiche su scala relativamente piccola, che spesso copre aree geografiche comprese tra centinaia e poche migliaia di chilometri quadrati. Comprende l'analisi dei sistemi frontali, delle nubi, delle precipitazioni e di altri fenomeni meteorologici che si verificano in brevi periodi di tempo.

Analisi della mappa sinottica

La climatologia sinottica inizia con l'analisi dettagliata delle mappe sinottiche, che rappresentano le condizioni atmosferiche in una regione specifica e in un momento specifico. Queste mappe includono informazioni sulla pressione atmosferica, temperatura, umidità, venti e sistemi meteorologici presenti.

Sistemi frontali

Uno dei focus principali della Climatologia Sinottica è lo studio dei sistemi frontali, che sono zone di transizione tra masse d'aria con caratteristiche diverse, come temperatura e umidità. L'interazione tra fronti caldi e fronti freddi gioca un ruolo cruciale nel modellare i modelli meteorologici locali e nel verificarsi delle precipitazioni.

Analisi delle nubi e delle precipitazioni

L'osservazione e l'interpretazione delle formazioni nuvolose sono essenziali nella climatologia sinottica. Diversi tipi di nuvole, come cirri, cumuli e nimbostrati, indicano diversi stati dell'atmosfera e possono fornire indizi sulle condizioni meteorologiche future. È essenziale anche comprendere i processi che danno origine alle precipitazioni, come pioggia, neve e grandine.

Fronti stazionari e perturbazioni atmosferiche

Oltre ai sistemi frontali mobili, la climatologia sinottica è interessata ai fronti stazionari, che presentano movimenti minimi. Questi fronti possono dare origine a modelli meteorologici persistenti. Vengono analizzati anche i disturbi atmosferici, come aree di bassa pressione o sistemi temporaleschi, per comprendere come influenzano le condizioni locali.

Microclimi e variazioni regionali

La climatologia sinottica esplora anche la formazione dei microclimi, che sono modelli climatici specifici di piccole aree geografiche. Fattori come la topografia, la vicinanza ai corpi idrici e alla vegetazione possono influenzare in modo significativo le condizioni climatiche locali.

Applicazioni pratiche

Oltre alla ricerca accademica, la climatologia sinottica ha applicazioni pratiche in settori quali l'agricoltura, l'aviazione, l'energia e la gestione delle risorse idriche. La capacità di anticipare e comprendere le variazioni climatiche a breve termine è essenziale per prendere decisioni informate in una varietà di settori.

1.3 Climatologia applicata

La climatologia applicata si concentra sull'utilizzo delle conoscenze climatologiche per risolvere problemi pratici in vari settori, come l'agricoltura, la gestione delle risorse idriche, la pianificazione urbana e le energie rinnovabili. Implica l'applicazione di dati e modelli climatici nel processo decisionale e nella formulazione delle politiche.

Agricoltura e gestione delle risorse naturali

La climatologia applicata svolge un ruolo cruciale in agricoltura fornendo informazioni sui modelli climatici e previsioni a breve e lungo termine. Ciò aiuta gli agricoltori a prendere decisioni sulla semina, sulla raccolta e sulla gestione dei raccolti. Inoltre, trova impiego nella gestione delle risorse idriche, contribuendo a ottimizzare l'utilizzo dell'acqua nelle attività agricole.

2. Pianificazione urbana e infrastrutture

La Climatologia applicata è essenziale nella pianificazione urbana, in particolare nella progettazione di spazi pubblici, edifici e infrastrutture per garantire il comfort termico e la sicurezza degli abitanti. Comprendere le condizioni climatiche locali è fondamentale per mitigare gli effetti degli eventi meteorologici estremi e promuovere città più sostenibili e resilienti.

Energie rinnovabili ed efficienza energetica

L'uso efficace delle fonti energetiche rinnovabili, come quella solare ed eolica, dipende fortemente dalle condizioni climatiche di una determinata regione. La climatologia applicata aiuta a identificare i luoghi idonei per l'implementazione di progetti di energia rinnovabile e a stimare la produzione di energia nel tempo.

Sanità pubblica e sicurezza alimentare

Comprendere i modelli meteorologici è fondamentale per affrontare i problemi di salute pubblica. La climatologia applicata viene utilizzata per monitorare e prevedere epidemie di malattie legate al clima, come la malaria e le malattie trasmesse da vettori. Inoltre, è fondamentale per valutare la sicurezza alimentare, aiutando a prevedere i raccolti e a gestire la produzione alimentare.

Analisi del rischio e disastri naturali

La climatologia applicata svolge un ruolo cruciale nella valutazione dei rischi associati a eventi meteorologici estremi, come piogge torrenziali, inondazioni, siccità prolungate e uragani. Questa analisi è fondamentale per lo sviluppo di strategie di adattamento e mitigazione, nonché per la pianificazione della risposta ai disastri.

L'applicazione delle conoscenze climatologiche in settori pratici e tangibili è il nucleo della Climatologia Applicata. Traducendo i concetti teorici in soluzioni pratiche, questa sottoarea della climatologia svolge un ruolo cruciale nella risoluzione delle sfide affrontate dalla società in un mondo sottoposto a costanti cambiamenti climatici.

1.4 Paleoclimatologia

La paleoclimatologia studia i modelli climatici del passato utilizzando indicatori naturali come gli anelli di crescita degli alberi, i sedimenti oceanici e le carote di ghiaccio. Questi dati forniscono informazioni cruciali sulle variazioni climatiche su scale temporali molto più lunghe rispetto alle osservazioni dirette.

Documenti paleoclimatici

La paleoclimatologia utilizza un'ampia gamma di documenti naturali per ricostruire le condizioni climatiche del passato. Queste registrazioni includono gli anelli di crescita degli alberi, che forniscono informazioni sulla temperatura e sulla disponibilità di acqua nel tempo; sedimenti oceanici, che contengono tracce di organismi marini sensibili alle condizioni climatiche; e carote di ghiaccio, che preservano strati di ghiaccio formatisi nel corso di migliaia di anni.

Datazione e stratigrafia

La datazione accurata dei documenti paleoclimatici è fondamentale per stabilire una cronologia affidabile delle condizioni climatiche passate. Per determinare l'età dei documenti vengono utilizzati metodi come la datazione al radiocarbonio, la datazione con luminescenza e la datazione delle varve (strati annuali di sedimenti).

Procura climatica

I registri paleoclimatici forniscono quelli che sono conosciuti come "proxy" (o indicatori) per le condizioni climatiche del passato. Ad esempio, la larghezza degli anelli di crescita degli alberi è correlata alla temperatura e alla disponibilità di acqua durante il periodo di crescita. Questi proxy vengono utilizzati per dedurre le condizioni climatiche passate.

Ricostruzioni climatiche
Sulla base dei proxy climatici, i paleoclimatologi effettuano ricostruzioni climatiche per determinati periodi del passato. Queste ricostruzioni possono rivelare modelli di variabilità climatica, come periodi di riscaldamento o raffreddamento globale ed eventi meteorologici estremi.

Studio dei cambiamenti climatici a lungo termine
La paleoclimatologia consente agli scienziati di comprendere i cambiamenti climatici a lungo termine che si sono verificati nel corso della storia della Terra. Ciò include eventi climatici significativi come le ere glaciali e gli interglaciali, che hanno avuto un impatto sostanziale sul paesaggio e sugli ecosistemi.

Implicazioni per il clima contemporaneo
Le informazioni ottenute dalla Paleoclimatologia hanno importanti implicazioni per la comprensione del clima contemporaneo e delle proiezioni future dei cambiamenti climatici. Aiutano a contestualizzare i modelli climatici attualmente osservati e forniscono una base per valutare l'influenza delle attività umane sulle condizioni climatiche globali.

La paleoclimatologia svolge un ruolo cruciale nella costruzione di un quadro comprensibile del cambiamento climatico nel corso del tempo geologico. Fornisce una prospettiva preziosa per valutare lo stato attuale del clima e le sue possibili traiettorie future.

1.5 Climatologia regionale e microclimatologia

Questi campi si concentrano sull'analisi dei modelli climatici su scale geografiche più specifiche. La Climatologia Regionale esplora le caratteristiche climatiche di una determinata regione, mentre la Microclimatologia si dedica allo studio delle condizioni climatiche in aree estremamente localizzate, come un parco urbano o un pendio montano.

Climatologia regionale

La climatologia regionale è dedicata allo studio delle caratteristiche climatiche di una determinata regione geografica, che può variare da una città a un'area che copre diverse centinaia di chilometri quadrati. Considera i fattori geografici, topografici e oceanici che influenzano il clima in una determinata area.

Influenza della topografia

La topografia, o rilievo, gioca un ruolo fondamentale nel determinare il clima di una regione. Montagne, valli e pianure influenzano la circolazione dell'aria, la formazione di sistemi di alta e bassa pressione e la distribuzione delle precipitazioni e delle temperature.

Vicinanza ai corpi d'acqua

La vicinanza di corpi idrici, come oceani, laghi e fiumi, ha un'influenza significativa sulle condizioni climatiche locali. La temperatura dell'acqua può modulare la temperatura dell'aria, influenzando la stabilità atmosferica e la formazione di nubi e precipitazioni.

Variabilità stagionale e climatica

La climatologia regionale analizza la variabilità climatica stagionale in una determinata area. Ciò include l'identificazione di modelli meteorologici specifici per le diverse stagioni, nonché tendenze a lungo termine che potrebbero influenzare la regione.

Microclimatologia

La microclimatologia è una sottodisciplina ancora più specializzata che si concentra sull'analisi delle condizioni climatiche in aree estremamente localizzate, come un parco urbano, una montagna o un'area vegetale specifica. Considera fattori come la vegetazione, il tipo di suolo e le condizioni dei rilievi che creano modelli climatici unici su piccola scala.

Applicazioni pratiche

Sia la climatologia regionale che la microclimatologia hanno applicazioni pratiche significative. Sono essenziali per la pianificazione urbana, la gestione delle risorse naturali, l'agricoltura di precisione, l'architettura e lo sviluppo di strategie di adattamento ai cambiamenti climatici a livello locale. Comprendendo i modelli climatici su scala regionale e microscala, i climatologi possono fornire informazioni preziose ai decisori nelle comunità locali, contribuendo a ottimizzare l'uso delle risorse e promuovere lo sviluppo sostenibile a livello regionale.

1.6 Climatologia dei cambiamenti climatici

Questo campo di studio si concentra sulla comprensione del cambiamento climatico globale e dei suoi impatti sui sistemi climatici e sulla società. Comprende l'analisi delle cause antropogeniche e naturali del cambiamento climatico, nonché la formulazione di strategie di adattamento e mitigazione.

Cause del cambiamento climatico

La climatologia dei cambiamenti climatici indaga le cause delle variazioni dei modelli climatici osservati negli ultimi decenni. Affronta sia le influenze naturali, come l'attività vulcanica e le variazioni solari, sia i fattori antropici, come le emissioni di gas serra.

Gas serra

Un punto centrale in questo ambito è lo studio dei gas serra, come l'anidride carbonica (CO_2), il metano (CH_4) e il protossido di azoto (N_2O). Questi gas intrappolano il calore nell'atmosfera, creando un effetto serra essenziale per mantenere la Terra abitabile, ma la cui crescente concentrazione contribuisce al riscaldamento globale.

Feedback climatico positivo e negativo

Cambiamenti climatici La climatologia analizza i feedback nel sistema climatico. Alcuni feedback amplificano i cambiamenti, come lo scioglimento dei ghiacci polari, che riduce la riflettività superficiale, assorbendo più calore. Altri possono mitigare i cambiamenti, come l'aumento dell'evaporazione nelle regioni più calde.

Modellazione climatica e proiezioni future

Quest'area fa ampio uso di modelli climatici computerizzati avanzati per simulare e prevedere modelli climatici futuri. Questi modelli incorporano complesse equazioni fisiche e dinamiche per rappresentare il comportamento dell'atmosfera in risposta a diversi scenari di emissioni di gas serra.

Impatti su regioni ed ecosistemi

Cambiamenti climatici La climatologia esplora gli impatti dei cambiamenti climatici in diverse regioni del globo, compresi i cambiamenti nei modelli di precipitazione, l'aumento della frequenza e dell'intensità degli eventi meteorologici estremi e i cambiamenti negli ecosistemi terrestri e acquatici.

Adattamento e mitigazione

Oltre a comprendere i cambiamenti climatici, quest'area si concentra anche sulle strategie di adattamento e mitigazione. L'adattamento prevede l'attuazione di misure per adattarsi agli impatti dei cambiamenti climatici, mentre la mitigazione mira a ridurre o evitare le emissioni di gas serra.

Cambiamenti climatici La climatologia è fondamentale per comprendere il contesto e le sfide dei cambiamenti climatici in corso. Fornisce una base scientifica per le politiche e i processi decisionali legati al clima, nonché per lo sviluppo di strategie di risposta globali e locali.

Comprendendo i diversi campi che compongono la climatologia, gli studiosi sono in grado di affrontare un'ampia gamma di questioni climatiche, dalla scala globale a quella locale.

L'interconnessione di questi campi fornisce una visione completa e olistica dei complessi fenomeni climatici che governano il nostro pianeta.

CAPITOLO 2: L'ATMOSFERA TERRESTRE: COMPOSIZIONE E STRUTTURA

L'atmosfera terrestre è un involucro gassoso che circonda il nostro pianeta, svolgendo un ruolo fondamentale nei processi climatici e meteorologici. Comprenderne la composizione e la struttura è essenziale per l'indagine e la comprensione dei fenomeni atmosferici. Questo capitolo offre un'analisi dettagliata dei componenti e degli strati che compongono l'atmosfera terrestre.

2.1 Composizione dell'atmosfera

La composizione dell'atmosfera è un aspetto fondamentale per comprendere i processi fisici e chimici che avvengono sulla Terra. L'atmosfera terrestre è una complessa miscela di gas, particelle e vapore acqueo, che svolgono un ruolo cruciale nei fenomeni meteorologici e climatici e nel sostenere la vita. La composizione atmosferica è caratterizzata dalla presenza di diversi componenti, i principali gas atmosferici essendo biatomicamente stabili e, di conseguenza, meno reattivi.

I principali costituenti dell'atmosfera sono prevalentemente l'azoto (N_2), che costituisce circa il 78% del volume totale, e l'ossigeno (O_2), che costituisce circa il 21%. Questi due gas, noti come gas permanenti, costituiscono la maggior parte dell'atmosfera e svolgono un ruolo essenziale nei processi biogeochimici globali, tra cui la respirazione cellulare e la fotosintesi.

Altri gas importanti sono l'argon (Ar), che costituisce circa lo 0,93%, e l'anidride carbonica (CO_2), che, nonostante la sua concentrazione relativamente bassa (circa 0,04%), esercita un'influenza significativa sulla temperatura di equilibrio della Terra, a causa della il suo ruolo significativo nell'effetto serra. Inoltre, piccole quantità di gas in tracce, come l'elio (He), il metano (CH_4), gli ossidi di azoto (NOx) e l'ozono (O_3), sono presenti nell'atmosfera in concentrazioni variabili.

La presenza di vapore acqueo (H_2O) è un altro fattore cruciale nella composizione atmosferica, sebbene la sua concentrazione vari ampiamente a seconda della posizione e delle condizioni meteorologiche. Il vapore acqueo svolge un ruolo centrale nella regolazione del clima, agendo come un importante gas serra e influenzando la formazione delle nubi e le precipitazioni.

Oltre ai gas, l'atmosfera contiene particelle sospese, come polvere, aerosol e goccioline liquide. Queste particelle svolgono un ruolo chiave nella formazione delle nuvole, nell'assorbimento e nella diffusione della luce solare e possono influire sulla qualità dell'aria e sulla salute umana.

In breve, l'atmosfera terrestre è una miscela dinamica di gas e particelle che svolgono un ruolo cruciale nei processi fisici, chimici e biologici che si verificano sulla Terra. Comprendere la composizione atmosferica è essenziale per comprendere i fenomeni climatici e meteorologici, nonché per sviluppare politiche ambientali e strategie di mitigazione dei cambiamenti climatici.

2.2 Variazione verticale della composizione

La variazione verticale nella composizione atmosferica si riferisce ai cambiamenti sistematici nelle concentrazioni dei costituenti atmosferici mentre ci si muove verticalmente attraverso i diversi strati dell'atmosfera. Questa variazione è influenzata da una serie di processi fisici, chimici e dinamici che avvengono a diverse altitudini, e comprenderla è fondamentale per comprendere a fondo il funzionamento del sistema atmosferico.

L'atmosfera terrestre è spesso divisa in strati distinti, dove la troposfera è lo strato più vicino alla superficie, seguita dalla stratosfera, dalla mesosfera, dalla termosfera e dall'esosfera. Ciascuno di questi strati presenta caratteristiche uniche in termini di temperatura, pressione e composizione.

Nella troposfera, lo strato in cui si verificano la maggior parte dei fenomeni meteorologici e dove è prevalentemente supportata la vita sulla Terra, le concentrazioni dei principali costituenti atmosferici diminuiscono con l'altitudine. Anche la temperatura diminuisce con l'altitudine nella troposfera, il che influenza direttamente la capacità dell'aria di trattenere il vapore acqueo. La variazione verticale nella troposfera è influenzata da processi come la convezione, che trasporta masse d'aria ascendenti e discendenti, e dalle azioni di gas e particelle. Inoltre, la presenza di aerosol e inquinanti atmosferici può variare notevolmente a causa delle fonti terrestri e dei processi di dispersione.

Nella stratosfera, al di sopra della troposfera, si verifica un'inversione della variazione verticale. In questo strato la concentrazione di ozono (O_3) aumenta con l'altitudine, formando il cosiddetto strato di ozono. Questo aumento è dovuto all'assorbimento delle radiazioni ultraviolette da parte dell'ozono, che contribuisce alla regolazione termica della stratosfera e alla protezione della vita sulla Terra dagli effetti dannosi delle radiazioni UV.

La mesosfera, situata al di sopra della stratosfera, è caratterizzata da una diminuzione delle concentrazioni di gas, poiché l'influenza dei processi fotochimici e dinamici continua ad influenzare la distribuzione verticale dei costituenti atmosferici. Nella termosfera e nell'esosfera, gli strati più esterni dell'atmosfera, la variazione verticale della composizione è più complessa a causa dell'influenza di fenomeni come l'azione delle particelle cariche provenienti dal Sole (vento solare), che influenzano la ionizzazione di atomi e molecole nell'atmosfera superiore.

La variazione verticale della composizione atmosferica è cruciale anche per comprendere fenomeni come la dinamica delle aurore, la formazione delle nubi, il trasporto degli inquinanti e la distribuzione del calore nell'atmosfera. Misurazioni accurate e monitoraggio continuo delle concentrazioni atmosferiche a diverse altitudini sono essenziali per valutare i cambiamenti climatici, la qualità dell'aria e prevedere gli eventi meteorologici.

2.3 Struttura a strati

L'atmosfera terrestre, se esaminata meticolosamente in termini di composizione verticale, rivela una complessa stratificazione stratificata, ciascuna caratterizzata da proprietà distinte che giocano un ruolo fondamentale nei processi atmosferici. Questa stratificazione verticale è essenziale per comprendere la dinamica atmosferica nella sua interezza.

Lo strato più vicino alla superficie, noto come troposfera, costituisce una parte sostanziale dell'atmosfera e ospita la percentuale maggiore di massa atmosferica. Questo dominio non è solo il palcoscenico principale, ma anche l'epicentro di importanti fenomeni meteorologici che influenzano direttamente le condizioni climatiche e le interazioni con la superficie terrestre. Le variazioni di temperatura e pressione in questo strato sono fortemente influenzate dall'interazione tra radiazione solare, composizione atmosferica e processi di convezione.

Salendo verticalmente, la stratosfera succede alla troposfera, presentando uno strato di ozono distinto. Questa regione è fondamentale per assorbire la radiazione ultravioletta del Sole, svolgendo un ruolo vitale nella protezione della vita sulla Terra dagli effetti dannosi delle radiazioni UV. La crescente concentrazione di ozono in questo strato con l'altitudine illustra la complessità della variazione verticale nella composizione atmosferica.

La mesosfera, la termosfera e l'esosfera, strati successivi dell'atmosfera, completano la struttura verticale. La mesosfera è caratterizzata da un'ulteriore diminuzione delle concentrazioni atmosferiche, mentre la termosfera e l'esosfera presentano peculiarità dinamiche e termochimiche che trascendono la comprensione convenzionale degli strati inferiori. In questi strati superiori, l'interazione con le particelle cariche del vento solare e i processi di ionizzazione aggiungono ulteriore complessità alla variazione compositiva verticale.

In sintesi, la strutturazione verticale dell'atmosfera, attraverso la troposfera, la stratosfera, la mesosfera, la termosfera e l'esosfera, configura un intricato arazzo di processi fisici, chimici e dinamici. Una comprensione dettagliata di questa stratificazione è fondamentale per svelare i fenomeni atmosferici, per migliorare i modelli climatici e per formulare strategie efficaci legate all'ambiente e al clima globale.

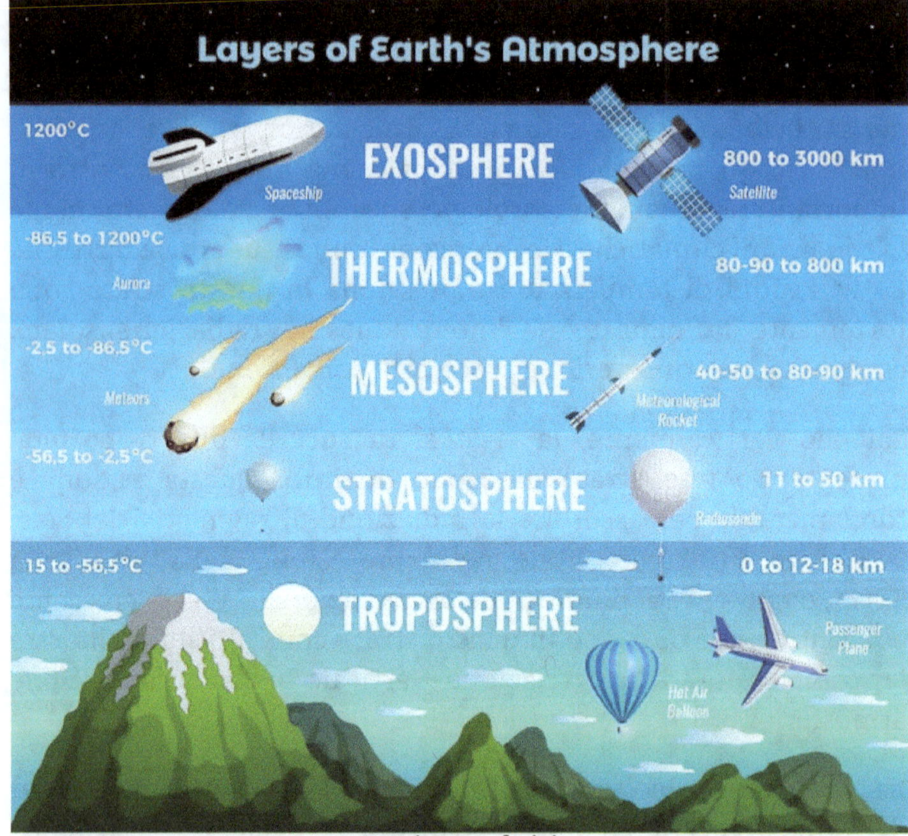

Strati atmosferici

2.4 Gradiente termico verticale

Il gradiente termico verticale è un concetto fondamentale in meteorologia e climatologia, riferendosi alla variazione della temperatura atmosferica in relazione all'altitudine in una determinata regione o strato dell'atmosfera. È una misurazione quantitativa che descrive come la temperatura cambia verticalmente mentre si sposta attraverso diversi strati.

Il gradiente termico verticale è spesso espresso in unità di temperatura per unità di altitudine, come gradi Celsius per chilometro (°C/km) o kelvin per chilometro (K/km). Questo gradiente può essere positivo, negativo o neutro, a seconda delle caratteristiche specifiche dell'atmosfera in una regione specifica e in un dato momento.

1. Gradiente positivo:
- Un gradiente termico verticale positivo indica che la temperatura aumenta con l'altitudine. Ciò è più comune nella stratosfera, dove la presenza dello strato di ozono comporta l'assorbimento delle radiazioni ultraviolette e, di conseguenza, un aumento della temperatura con l'altitudine.

2. Gradiente negativo:
- Un gradiente termico verticale negativo si verifica quando la temperatura diminuisce man mano che ci si sposta verso l'alto nell'atmosfera. Questo è l'andamento più comune nella troposfera, lo strato più basso, dove la temperatura generalmente diminuisce di circa 6,5°C per chilometro (adiabatico secco). Questo raffreddamento è spesso associato all'espansione adiabatica dell'aria mentre sale.

3. Gradiente neutro:
- Un gradiente termico verticale neutro significa che non vi è alcuna variazione significativa della temperatura con l'altitudine. Ciò può verificarsi temporaneamente in specifiche situazioni atmosferiche, ma non è uno stato stabile a lungo termine.

Comprendere il gradiente termico verticale è fondamentale per spiegare la formazione di fenomeni meteorologici come nuvole, tempeste e modelli meteorologici. La variazione della distribuzione verticale della temperatura influenza direttamente i movimenti dell'aria, la formazione delle instabilità atmosferiche e la dinamica generale dell'atmosfera. I modelli climatici e le previsioni meteorologiche tengono conto del gradiente termico verticale per prevedere l'evoluzione del tempo in diverse regioni e altitudini.

2.5 Pressione atmosferica e altitudine

La pressione atmosferica è una misura fondamentale che descrive la forza esercitata dalle molecole d'aria su una determinata area. Varia a seconda dell'altitudine, poiché l'atmosfera terrestre presenta una struttura verticale complessa. La relazione tra pressione e altitudine è governata dai principi fondamentali della fisica del gas e fornisce informazioni cruciali per comprendere la dinamica atmosferica.

L'atmosfera terrestre, per la maggior parte, è concentrata negli strati più vicini alla superficie, in particolare nella troposfera. Man mano che ci muoviamo verticalmente, la densità dell'aria diminuisce, influenzando direttamente la pressione atmosferica. La diminuzione della pressione con l'aumentare della quota è espressa dal concetto di gradiente di pressione negativa. La relazione matematica tra pressione atmosferica e altitudine è spesso descritta dall'equazione barometrica. Secondo questa equazione, la pressione atmosferica (P) è correlata in modo approssimativamente esponenziale all'altitudine (h) mediante la seguente formula:

$$ P = P_0 \cdot e^{-\frac{h}{H}} $$

Dove:

- P_0 è la pressione al livello del mare,

- e è la base del logaritmo naturale,

- h è l'altitudine,

- H è la costante barometrica.

Questa equazione mostra che la pressione atmosferica diminuisce esponenzialmente con l'aumentare dell'altitudine. La costante barometrica, \(H \), rappresenta la scala verticale su cui si verifica questa variazione. Il valore di \(H \) è indicativo della velocità con cui la pressione atmosferica diminuisce con l'altitudine.

Comprendere questa relazione è essenziale per diverse discipline, tra cui la meteorologia, l'aviazione e le scienze atmosferiche. Ad esempio, la conoscenza della pressione atmosferica a diverse altitudini è essenziale per calcolare la densità dell'aria, un parametro vitale per l'aviazione dove influisce sulle prestazioni degli aerei. Inoltre, la variazione della pressione con l'altitudine ha implicazioni dirette sulla formazione delle nubi, sulle previsioni meteorologiche e sugli studi climatici.

2.6 Importanza ecologica e climatica:

L'atmosfera terrestre, con la sua composizione e struttura complessa, svolge un ruolo cruciale e sfaccettato nel mantenimento dell'equilibrio ecologico e nel determinare i modelli climatici che modellano gli ecosistemi globali. Questo testo cerca di approfondire la comprensione dell'interrelazione tra atmosfera, ecologia e clima, evidenziando aspetti fondamentali che permeano queste sfere interconnesse.

La composizione atmosferica, con i suoi diversi gas, gioca un ruolo centrale nella regolazione termica della superficie terrestre. Gas come l'anidride carbonica (CO_2) e il metano (CH_4) partecipano attivamente al fenomeno dell'effetto serra, trattenendo parte della radiazione solare nell'atmosfera e, quindi, contribuendo al mantenimento di temperature adatte alla vita sulla Terra. Tuttavia, le attività umane hanno aumentato la concentrazione di questi gas, intensificando l'effetto serra e influenzando direttamente i modelli climatici, determinando significativi cambiamenti climatici.

Inoltre, la composizione atmosferica influisce direttamente sulla distribuzione degli organismi nei diversi ecosistemi. La variazione della concentrazione di ossigeno (O_2) a diverse altitudini e regioni influisce sulla respirazione degli organismi aerobici, mentre la presenza di inquinanti atmosferici può avere effetti negativi sulla salute degli ecosistemi terrestri e acquatici. Lo strato di ozono nella stratosfera, a sua volta, svolge un ruolo fondamentale nella protezione della vita dalle radiazioni ultraviolette, influenzando la distribuzione degli organismi a diverse altitudini.

I processi meteorologici, intrinsecamente legati alla composizione atmosferica, hanno implicazioni dirette per i modelli climatici che caratterizzano le diverse regioni della Terra. Comprendere i venti, le correnti atmosferiche e le interazioni tra le masse d'aria è essenziale per prevedere eventi meteorologici estremi, come uragani, siccità e inondazioni, che influiscono direttamente sulla biodiversità e sugli ecosistemi.

L'urgenza di una profonda comprensione di questi aspetti diventa evidente quando si considerano le sfide ambientali e climatiche contemporanee. Le azioni umane, come l'uso di combustibili fossili e la deforestazione, alterano la composizione atmosferica, incidendo sulla biodiversità e intensificando gli eventi meteorologici estremi. Pertanto, la ricerca e l'attuazione di strategie sostenibili diventano indispensabili per mitigare gli impatti negativi e preservare l'integrità degli ecosistemi terrestri e acquatici.

In sintesi, l'atmosfera è una componente vitale che interconnette ecologia e clima, influenzando la temperatura, la distribuzione degli organismi e i fenomeni meteorologici. Una comprensione approfondita di questi fattori è essenziale per affrontare le sfide ambientali emergenti e promuovere pratiche sostenibili che preservino la salute del pianeta e garantiscano la sostenibilità degli ecosistemi globali.

CAPITOLO 3: RADIAZIONE SOLARE E BILANCIO ENERGETICO

La radiazione solare, fenomeno fondamentale nell'ambito della fisica e dell'astrofisica dell'atmosfera, costituisce una fonte primaria di energia per la Terra e svolge un ruolo preponderante nella regolazione dei processi climatici ed ecologici del pianeta.

La radiazione solare comprende l'emissione di energia elettromagnetica proveniente dal Sole, che attraversa lo spazio interstellare e raggiunge l'atmosfera terrestre. Questo spettro elettromagnetico, che comprende la radiazione visibile, infrarossa e ultravioletta, è la principale fonte di calore e luce che sostiene la vita sulla Terra. L'interazione di questa radiazione con l'atmosfera è un fenomeno complesso, essendo influenzato da variabili quali composizione, densità e caratteristiche ottiche dei componenti atmosferici.

L'arrivo della radiazione solare sulla superficie terrestre avvia una serie di processi. Una parte della radiazione viene riflessa direttamente nello spazio dalla superficie terrestre, mentre un'altra parte viene assorbita dall'atmosfera e dalla superficie. Questo assorbimento provoca un aumento della temperatura, generando radiazione termica che viene successivamente rilasciata nuovamente nell'atmosfera.

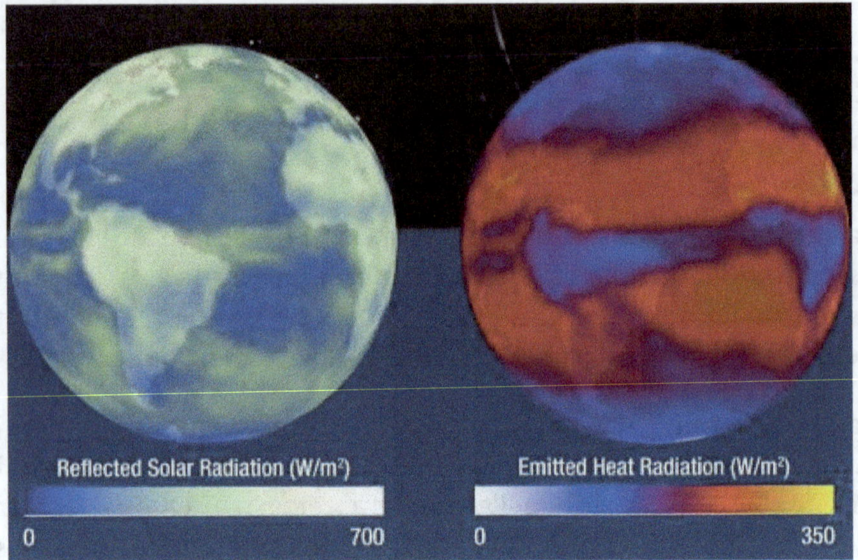

Credito: NASA/Goddard Space Flight Center Studio
di visualizzazione scientifica

L'assorbimento selettivo delle diverse lunghezze d'onda della radiazione solare da parte dell'atmosfera è un fenomeno cruciale per la regolazione termica globale. I gas, come l'anidride carbonica (CO_2) e il vapore acqueo (H_2O), contribuiscono all'effetto serra, assorbendo la radiazione infrarossa e mantenendo la temperatura della superficie terrestre a livelli adatti alla vita.

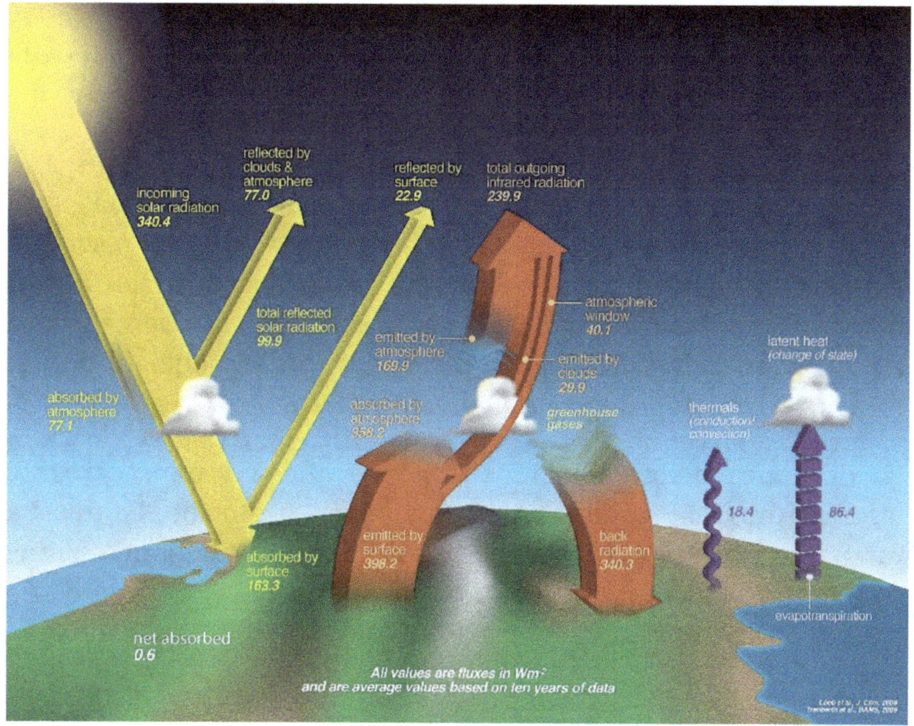

Credito immagine: NASA

Una comprensione approfondita della radiazione solare è essenziale per modellare e prevedere i modelli climatici, nonché per valutare l'impatto dei cambiamenti atmosferici sulla distribuzione dell'energia sulla Terra. Inoltre, la variabilità nella quantità di radiazione solare ricevuta nelle diverse regioni e su diverse scale temporali è un fattore determinante per gli ecosistemi, influenzando i cicli biogeochimici, i modelli delle precipitazioni e i fenomeni meteorologici estremi. Di fronte alle sfide contemporanee legate al cambiamento climatico e alla sostenibilità, la radiazione solare emerge come una variabile critica, richiedendo studi approfonditi per chiarire le sue molteplici implicazioni. In questo contesto, questa esplorazione accademica mira a stabilire le basi concettuali necessarie per una comprensione completa della dinamica della radiazione solare e del suo ruolo centrale nei complessi sistemi terrestri.

Un'analisi più approfondita dei meccanismi di interazione della radiazione solare con l'atmosfera e la superficie terrestre rivela un'intricata rete di processi fisici e chimici.

L'assorbimento selettivo delle radiazioni ultraviolette da parte dello strato di ozono nella stratosfera ne è un esempio emblematico, evidenziando l'importanza di questa molecola per filtrare le radiazioni potenzialmente dannose, consentendo al tempo stesso il passaggio delle radiazioni essenziali per la fotosintesi e altri processi biologici in superficie.

La dinamica della radiazione solare è anche intrinsecamente legata ai modelli di circolazione atmosferica globale. La diversa intensità della radiazione alle latitudini innesca gradienti termici che, a loro volta, guidano i movimenti delle masse d'aria e contribuiscono alla formazione dei sistemi meteorologici regionali.

In ambito ecologico, la quantità e la distribuzione spaziale della radiazione solare sono fattori determinanti per la produttività primaria degli ecosistemi. La fotosintesi, processo vitale per la sintesi della biomassa, è direttamente influenzata dalla disponibilità della radiazione solare, essendo maggiore nelle regioni dove l'intensità luminosa è maggiore.

Tuttavia, l'interferenza umana sulla composizione atmosferica, in particolare attraverso l'aumento dei gas serra, sta alterando la tradizionale dinamica della radiazione solare. Il conseguente aumento dell'effetto serra intensifica il riscaldamento globale, modificando i modelli di radiazione e incidendo sugli ecosistemi, sui ghiacciai e sul livello del mare.

3.1 Proprietà della radiazione solare

La radiazione solare, in quanto emissione elettromagnetica, possiede una serie di proprietà cruciali per comprendere la sua interazione con l'atmosfera e la superficie terrestre. In questo argomento cerchiamo di esaminare in dettaglio alcune proprietà fondamentali della radiazione solare che svolgono un ruolo preponderante nei fenomeni atmosferici, climatici ed ecologici.

1. Spettro elettromagnetico:
- La radiazione solare copre un ampio spettro elettromagnetico, dalle onde radio ai raggi gamma. Tuttavia, la porzione più significativa per la Terra si trova nella gamma visibile (luce), infrarossa e ultravioletta. Ciascuna banda dello spettro ha interazioni diverse con l'atmosfera e la superficie terrestre, determinandone l'impatto termico e biologico.

2. Intensità e irradiazione:
- L'intensità della radiazione solare si riferisce alla quantità di energia solare che raggiunge un'unità di superficie perpendicolare alla direzione dei raggi solari. L'irradiazione solare, a sua volta, è la quantità totale di energia ricevuta da una superficie nel tempo. Entrambi sono cruciali per valutare la disponibilità di energia in diverse regioni della Terra.

3. Incidenza solare e angolo zenitale:
- L'incidenza solare varia a seconda della latitudine e della stagione, determinando diversi angoli zenitali del Sole. L'angolo zenitale influenza la quantità di radiazione solare che raggiunge la superficie terrestre, essendo più efficiente quando il Sole è più vicino allo zenit.

4. Riflessione, assorbimento e trasmissione:
- Quando la radiazione solare raggiunge l'atmosfera e la superficie terrestre, parte di essa viene riflessa nello spazio, parte viene assorbita e parte viene trasmessa attraverso l'atmosfera. Questi processi variano con la composizione, l'albedo superficiale e le caratteristiche ottiche dei diversi componenti atmosferici.

5. Variazione temporale e spaziale:
- La quantità di radiazione solare ricevuta varia nel tempo a causa dei cambiamenti delle stagioni e del movimento orbitale della

Terra. Inoltre, la distribuzione delle radiazioni è influenzata dalla latitudine, determinando modelli climatici ed ecologici diversi in tutto il mondo.

3.2 Processi di interferenza atmosferica

L'interazione della radiazione solare con l'atmosfera è un fenomeno complesso che va oltre il semplice passaggio della luce solare attraverso lo spazio interstellare fino alla superficie terrestre. I processi di interferenza atmosferica svolgono un ruolo fondamentale nel modificare le caratteristiche della radiazione solare, coinvolgendo una serie di fenomeni fisici che influenzano non solo l'intensità, ma anche la composizione spettrale della radiazione che infine raggiunge la superficie terrestre. In questa analisi più dettagliata, esploreremo a fondo i principali processi atmosferici che contribuiscono a questa interferenza.

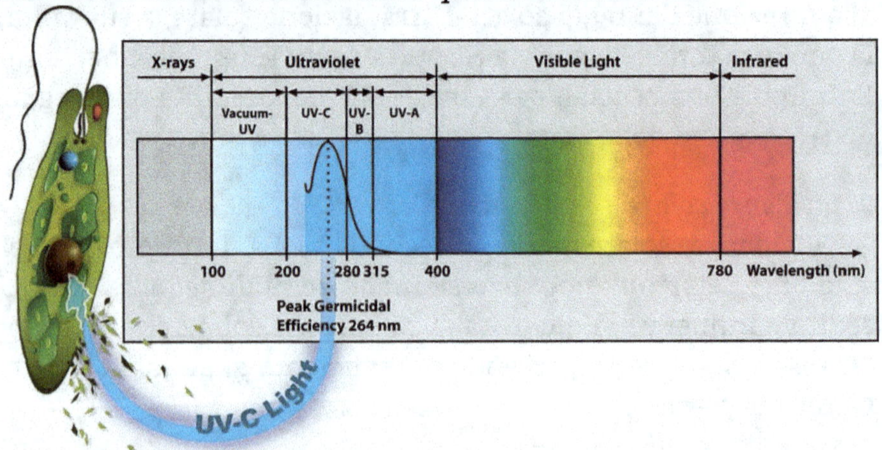

1. Assorbimento atmosferico:

- L'atmosfera contiene gas che assorbono selettivamente alcune parti dello spettro elettromagnetico. Ad esempio, l'ozono assorbe le radiazioni ultraviolette, mentre il vapore acqueo e l'anidride carbonica assorbono le radiazioni infrarosse. Questo assorbimento selettivo modifica l'intensità della radiazione solare a diverse lunghezze d'onda.

2. Riflessione e diffusione:

- Parte della radiazione solare incidente viene riflessa nello spazio dall'atmosfera. La diffusione di Rayleigh, un processo che si verifica quando la luce interagisce con particelle più piccole della sua lunghezza d'onda, è responsabile della dispersione predominante dei colori nello spettro solare. Questo fenomeno è evidente nel cielo azzurro diurno, dove la luce blu è più dispersa rispetto agli altri colori.

3. Mie Scattering e inquinamento atmosferico:
- Oltre allo scattering Rayleigh, le particelle più grandi nell'atmosfera, come inquinanti, polvere e aerosol, possono contribuire allo scattering Mie. Ciò può provocare fenomeni come il crepuscolo, quando la luce solare viene diffusa in più direzioni dalle particelle atmosferiche, creando sfumature di colore lungo l'orizzonte.

4. Effetto dell'albedo superficiale:
- Anche la superficie terrestre gioca un ruolo importante nei processi di interferenza atmosferica. Superfici con caratteristiche diverse riflettono la radiazione in modi diversi, contribuendo all'intensità e alla composizione della radiazione che ritorna nell'atmosfera.

5. Filtri atmosferici a diverse altitudini:
- La presenza di diversi gas e particelle a diverse altitudini nell'atmosfera crea filtri selettivi per la radiazione solare. Ad esempio, la presenza di ozono nella stratosfera assorbe gran parte della radiazione ultravioletta, proteggendo la vita sulla Terra.

6. Variazione temporale e regionale:
- L'interferenza atmosferica varia durante il giorno e nelle diverse regioni geografiche, influenzando i modelli meteorologici, la qualità della luce solare e la distribuzione dell'energia attraverso lo spettro solare.

Una comprensione dettagliata di questi processi è fondamentale per la modellazione accurata dei modelli climatici, l'interpretazione delle condizioni atmosferiche e la valutazione degli impatti delle interferenze atmosferiche sugli ecosistemi. Inoltre, lo studio di questi fenomeni contribuisce all'esplorazione estetica dell'atmosfera, chiarendo la bellezza dietro la colorazione del cielo e altri eventi celesti.

3.3 Inclinazione dell'asse terrestre e stagioni

La sottile inclinazione assiale che caratterizza la Terra emerge come distinta protagonista nella complessa danza che dà origine alle stagioni. Questo intricato fenomeno cosmico, la cui comprensione trascende la banalità, fornisce le coordinate essenziali per la variazione stagionale nella ricezione della radianza solare. La disposizione angolare dell'asse terrestre genera una coreografia celeste, delineando diversi angoli di incidenza solare durante il ciclo annuale e, quindi, delineando le distinte stagioni che orchestrano i modelli climatici globali.

L'inclinazione assiale, che segna una rispettabile deviazione dall'allineamento perpendicolare rispetto all'orbita solare, dà inizio a una narrazione celeste di vasta portata. Mentre la Terra gira attorno al Sole nella sua orbita ellittica, questa inclinazione provoca una danza celeste che offre un'esperienza stagionale unica. Quando un emisfero è inclinato verso il Sole, vive la sua estate; mentre l'opposto, privo di energia solare, precipita nella stagione invernale.

I diversi angoli di incidenza solare risultanti da questa inclinazione promuovono una distribuzione asimmetrica della radiazione su tutto il globo. Agli equinozi, quando i raggi del sole colpiscono perpendicolarmente all'equatore, tutte le regioni della Terra godono di equa condivisione della luce solare. Tuttavia, ai solstizi, segnati dagli estremi settentrionali o meridionali dell'inclinazione assiale, si verifica una disparità unica, che culmina in giornate più lunghe in estate e notti più lunghe in inverno.

Il primato dell'inclinazione assiale come precursore delle stagioni va oltre i semplici capricci climatici, imprimendo la sua influenza sulle complessità del ciclo biologico e comportamentale degli organismi. L'ecologia è intrinsecamente modellata da questa danza celeste, che determina modelli di riproduzione, migrazione e letargo in risposta alle metamorfosi stagionali.

La profonda comprensione di queste oscillazioni stagionali non solo evoca un apprezzamento estetico del cosmo nel suo splendore, ma funge anche da base vitale per l'interpretazione degli intricati modelli meteorologici globali. Il delicato equilibrio stabilito dall'inclinazione assiale è una sinfonia cosmica che perpetua la diversità climatica della Terra, conducendo scienziati, poeti e filosofi in un viaggio di contemplazione di fronte alla grandezza celeste.

3.4 Basi del bilancio energetico

Il bilancio energetico della Terra risulta dall'equazione tra la quantità di energia solare ricevuta e la quantità emessa nello spazio. La superficie terrestre assorbe la radiazione solare, riscaldandosi e successivamente emettendo radiazione termica sotto forma di infrarossi. Questo equilibrio dinamico determina le condizioni climatiche globali.

3.5 Trasferimento di calore nell'atmosfera

Il trasferimento di calore nell'atmosfera è un fenomeno sfaccettato e complesso, vitale per la regolazione termica della Terra e la formazione dei modelli meteorologici. Questo processo dinamico coinvolge tre meccanismi principali: radiazione, conduzione e convezione, ciascuno dei quali svolge un ruolo distinto nella ridistribuzione dell'energia termica tra la superficie terrestre e l'atmosfera.

1. Radiazione termica:

- La radiazione è il metodo principale attraverso il quale il calore viene trasferito nell'atmosfera. Il Sole emette radiazioni elettromagnetiche, prevalentemente sotto forma di luce visibile, che viaggiano attraverso lo spazio e raggiungono l'atmosfera terrestre. Questa radiazione viene assorbita da gas, nuvole e superfici terrestri, provocando il riscaldamento di questi componenti. Questi elementi successivamente irradiano parte di questo calore nell'atmosfera sotto forma di radiazione termica.

2. Conduzione termica:

- La conduzione è il processo mediante il quale il calore si propaga attraverso sostanze solide o tra sostanze a diretto contatto. Nell'atmosfera, la conduzione termica avviene principalmente nello strato limite planetario, vicino alla superficie terrestre. Le molecole d'aria a contatto con la superficie riscaldata acquistano energia cinetica, trasferendola alle molecole adiacenti, generando un flusso di calore. Tuttavia, la conduzione è più efficiente nei solidi che nei gas ed è relativamente meno significativa nell'atmosfera.

3. Convezione atmosferica:

- La convezione è il processo dinamico di trasferimento del calore che comporta il movimento fisico delle masse d'aria. L'aria riscaldata, divenendo meno densa, sale verso l'alto creando correnti ascensionali. Man mano che l'aria sale, si raffredda e alla fine affonda nuovamente nelle aree a maggiore densità. Questo ciclo di convezione forma correnti atmosferiche verticali, come cellule convettive che contribuiscono alla circolazione globale dell'atmosfera.

Questi tre meccanismi non operano isolatamente, ma sono interconnessi in un intricato balletto termodinamico. Il Sole, in quanto fonte primaria di calore, innesca il processo di irraggiamento che riscalda l'atmosfera e la superficie terrestre. La conduzione agisce nello strato più vicino alla superficie, mentre la convezione modella i modelli atmosferici, trasportando il calore verticalmente e influenzando le condizioni meteorologiche.

3.6 Ruolo dell'acqua nel bilancio energetico

La notevole partecipazione del vapore acqueo alla vastità celeste emerge come protagonista di primo piano nel complesso quadro energetico che dà vita all'atmosfera terrestre. La sua eminenza trascende i meri ruoli secondari, rivelandosi un'entità vitale nel panorama esoterico dell'equilibrio energetico planetario. Oltre al suo innegabile ruolo nella sottile regolazione dei modelli di assorbimento ed emissione della radiazione termica, il vapore acqueo assurge allo status di protagonista primordiale. La sua influenza si estende, in modo cruciale, alla maestosa formazione delle nuvole e agli arcani processi di condensazione, in cui rilascia calore latente, donando un'eloquenza unica al tessuto atmosferico. Su questo intricato palcoscenico, il vapore acqueo emerge come elemento centrale, tessendo le narrazioni più raffinate ed essenziali dell'energico balletto che orchestra i destini climatici della Terra.

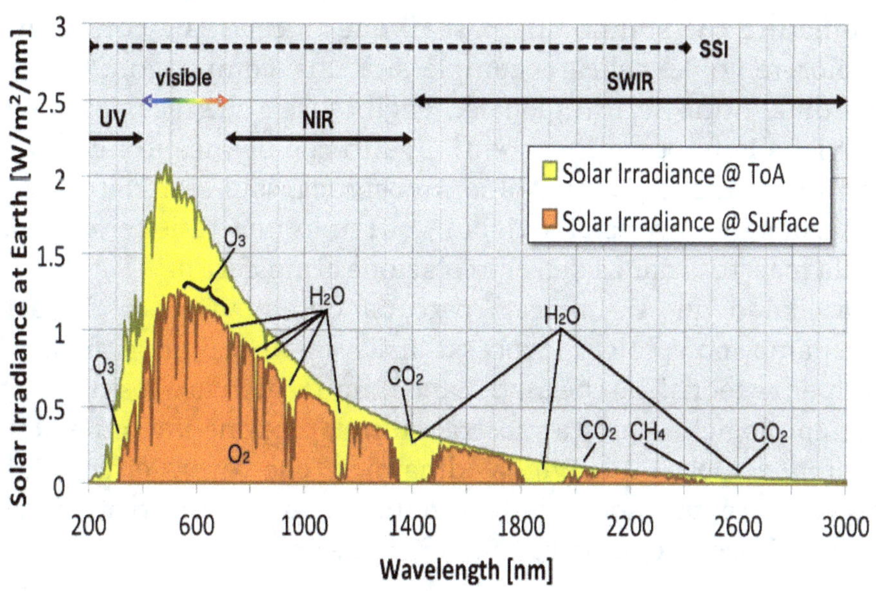

Credito immagine: NASA

CAPITOLO 4: CIRCOLAZIONE ATMOSFERICA GLOBALE

La circolazione atmosferica globale, capolavoro complesso, gioca un ruolo trascendentale nell'intricato tessuto che regola la distribuzione termica nella nostra sfera terrestre. Questo trattato introduttivo si propone di svelare i principi profondi che governano i movimenti atmosferici, delineando, con squisita precisione, le dinamiche orchestrate della circolazione atmosferica su scala planetaria.

In questo erudito compendio ci avventureremo nelle sofisticate sfumature che stanno alla base di questa celestiale coreografia. Esploreremo le delicate complessità che compongono questa sinfonia atmosferica globale, dagli alisei che accarezzano i tropici alle imponenti correnti a getto che delineano i cieli alti. Ogni movimento, ogni svolta atmosferica, sarà sezionato con la precisione dei maestri artigiani, offrendo una visione ampliata della maestosa danza della circolazione atmosferica.

Tracciando questi intricati percorsi del movimento dell'aria, riveliamo non solo i processi fisici intrinseci, ma anche le influenze geofisiche che modellano i climi regionali e le singolarità meteorologiche. Questa mostra, quindi, propone un'immersione profonda nella meraviglia dinamica che è la circolazione atmosferica, portando i lettori in un viaggio riflessivo attraverso le complesse viscere dell'atmosfera terrestre.

4.1 Forze motrici: gradiente di pressione e forza di Coriolis

Comprendere le forze motrici nell'atmosfera è essenziale per comprendere i modelli di movimento dell'aria su diverse scale temporali e spaziali. Due forze fondamentali che influenzano il movimento atmosferico sono il gradiente di pressione e la forza di Coriolis.

1. Gradiente di pressione:

- Il gradiente di pressione è la forza trainante principale dietro il movimento dell'aria nell'atmosfera. Risulta dalla variazione della pressione atmosferica in una determinata area. Matematicamente, il gradiente di pressione viene calcolato come la velocità di variazione della pressione sulla distanza. La pressione atmosferica diminuisce con l'altitudine e questa variazione crea una differenza di pressione orizzontale che guida il movimento dell'aria dalle aree ad alta pressione alle aree a bassa pressione. Questo movimento è essenziale per equalizzare le disparità di pressione e ricercare uno stato di equilibrio.

2. Forza di Coriolis:

- La Forza di Coriolis è una forza inerziale risultante dalla rotazione della Terra. Mentre l'aria si muove orizzontalmente da aree di alta a bassa pressione, la forza di Coriolis agisce perpendicolarmente alla direzione del movimento, deviando l'aria verso destra nell'emisfero settentrionale e verso sinistra nell'emisfero meridionale. Questa forza è massima all'equatore e diminuisce verso i poli. La Forza di Coriolis è un fenomeno puramente derivante dalla rotazione terrestre e influenza in modo significativo la formazione e il comportamento dei sistemi atmosferici, come venti e cicloni.

La combinazione del Gradiente di Pressione e della Forza di Coriolis dà luogo al cosiddetto "Equilibrio Geostrofico", uno stato teorico in cui le forze orizzontali sono in equilibrio. Questo stato viene raggiunto quando il gradiente di pressione e la forza di Coriolis si equalizzano, consentendo ai venti di fluire lungo linee isobariche, approssimativamente parallele alle curve di livello a pressione costante. In sintesi, comprendere queste forze motrici è fondamentale per modellare e interpretare i modelli atmosferici, influenzando tutto, dalla scala locale ai movimenti globali della circolazione atmosferica. Lo studio di queste forze fornisce una base teorica essenziale per la meteorologia e la climatologia dinamica, arricchendo la comprensione delle complessità che governano il comportamento atmosferico.

4.2 Celle a circolazione atmosferica: Hadley, Ferrel e Polar

Le cellule di circolazione atmosferica rappresentano un paradigma essenziale per comprendere i modelli di movimento dell'aria che caratterizzano l'atmosfera terrestre. Tre cellule distinte – Hadley, Ferrel e Polar – sono riconosciute come componenti fondamentali della circolazione atmosferica globale, delineando gli intricati meccanismi di ridistribuzione del calore e dell'energia in tutto il mondo.

1. Cella di Hadley:

- La cella Hadley, situata nelle regioni tropicali, è alimentata dall'intenso riscaldamento solare vicino all'equatore. L'aria riscaldata sale verticalmente, formando una zona di bassa pressione. Quando l'aria sale, si verifica il raffreddamento adiabatico, con conseguente condensazione e precipitazione. Quest'aria, ora più fredda e densa, si sposta verso quote più elevate, avvicinandosi ai tropici, dove scende formando una cella ad alta pressione. Questa circolazione verticale determina gli alisei ed è fondamentale per la distribuzione dell'umidità e del calore nelle regioni tropicali.

2. Cella Ferrel:

- La Cella di Ferrel, situata alle medie latitudini, si caratterizza per la sua complessità derivante dall'interazione tra la Cella di Hadley e la Cella Polare. L'aria ascendente dalla cella di Hadley, raggiunta latitudini più elevate, ridiscende sulla superficie terrestre, creando una zona di bassa pressione. Questa cella contribuisce alla formazione dei venti dominanti occidentali ed è associata a sistemi meteorologici extratropicali, come i fronti.

3. Cella polare:

- La Cellula Polare, situata alle alte latitudini, è alimentata dall'aria fredda discendente dalle regioni polari. Quest'aria, una volta raggiunta la superficie, si sposta verso latitudini più basse, formando una cella a bassa pressione. Questa cella è caratterizzata dall'innalzamento dell'aria vicino ai poli, creando una fascia di basse temperature e influenzando le condizioni climatiche nelle regioni artiche e antartiche.

L'equilibrio dinamico tra queste cellule di circolazione atmosferica, noto come Circolazione Meridionale, è un elemento chiave per comprendere i climi regionali e modellare i fenomeni meteorologici globali. Queste cellule sono decisive per la distribuzione del calore e dell'umidità alle diverse latitudini, influenzando direttamente l'andamento meteorologico, la formazione dei venti e la dinamica atmosferica globale. Lo studio approfondito di queste cellule è fondamentale per far avanzare la nostra comprensione della climatologia dinamica e dei suoi effetti su scala planetaria.

4.3 Fronti e sistemi di bassa e alta pressione

I fronti e i sistemi di bassa e alta pressione svolgono un ruolo cruciale nella dinamica atmosferica, influenzando in modo significativo i modelli meteorologici e climatici su scala globale. Sulla base di un'analisi accademica, affronteremo i concetti fondamentali relativi a questi fenomeni atmosferici, evidenziandone le caratteristiche, i processi associati e gli impatti sulla circolazione atmosferica.

Fronti atmosferici:

I fronti rappresentano le interfacce frontali dove masse d'aria di diverse proprietà si incontrano e interagiscono. Esistono quattro tipi principali di fronti: freddo, caldo, occluso e stazionario. In sostanza, il Fronte Freddo si verifica quando una massa d'aria fredda avanza e sostituisce una massa d'aria calda, generando spesso precipitazioni e temporali intensi. Nel Fronte Caldo la massa d'aria calda avanza sopra una massa d'aria fredda, provocando piogge prolungate e, talvolta, la formazione di nubi stratiformi. Un Fronte Occluso si verifica quando una massa d'aria fredda intrappola una massa d'aria calda tra due masse d'aria fredde, mentre un Fronte Stazionario è caratterizzato dalla mancanza di movimento significativo tra le masse d'aria.

Sistemi a Bassa e Alta Pressione:

I sistemi di bassa e alta pressione sono associati a modelli atmosferici specifici, che influenzano la direzione e l'intensità dei venti e il verificarsi di diverse condizioni meteorologiche. Un'area di bassa pressione, o ciclone, è caratterizzata da una diminuzione della pressione atmosferica al centro, con conseguente convergenza e sollevamento dell'aria. Ciò favorisce la formazione di nubi e precipitazioni. Al contrario, un'area di alta pressione, o anticiclone, è caratterizzata da una pressione atmosferica più elevata al centro, che favorisce la divergenza e la sussistenza dell'aria. Ciò è generalmente associato a condizioni meteorologiche più stabili e cieli più sereni.

Processi e impatti associati:

L'interazione tra fronti e sistemi di pressione innesca una varietà di fenomeni meteorologici, come tempeste, fronti di raffiche e lo sviluppo di sistemi ciclonici. Comprendere questi processi è essenziale per le previsioni meteorologiche, poiché consente l'anticipazione dei cambiamenti delle condizioni atmosferiche e l'analisi dei modelli meteorologici su larga scala.

4.4 Effetti topografici sulla circolazione atmosferica

Gli effetti topografici sulla circolazione atmosferica costituiscono un campo di studio fondamentale in meteorologia, poiché la presenza di rilievi geografici esercita una marcata influenza sull'andamento dei venti, sulla formazione dei sistemi atmosferici e sulla distribuzione delle precipitazioni. Questa sezione cercherà di chiarire i principali meccanismi e le conseguenze di questi effetti, evidenziando la complessità delle interazioni tra topografia e atmosfera.

Influenza della topografia sulla circolazione atmosferica:

La topografia esercita un'influenza sostanziale sulla circolazione atmosferica, introducendo cambiamenti significativi nei flussi d'aria prevalenti. L'elevazione del terreno crea barriere fisiche che alterano la traiettoria dell'aria, influenzando direttamente la direzione e la velocità dei venti. Questo fenomeno è particolarmente evidente nelle aree di rilievo pronunciato, come le catene montuose.

Effetto sopravvento e sottovento:

Nelle regioni montuose, il lato rivolto verso la direzione prevalente del vento è detto sopravvento, mentre il lato opposto è detto sottovento.[1]. L'aria che si avvicina ad una barriera montuosa è costretta a salire, raffreddandosi adiabaticamente[2] e favorendo la formazione di nubi e precipitazioni. Sul lato sottovento, l'aria affonda, si riscalda adiabaticamente e spesso si traduce in condizioni più secche.

Effetto di canalizzazione e vortici montani:

La topografia può anche incanalare il flusso d'aria tra valli strette o passi di montagna. Questo fenomeno, noto come effetto canalizzazione, può provocare venti accelerati e un aumento della pressione del vento in alcune aree, influenzando le condizioni meteorologiche locali. Inoltre, la presenza di montagne può generare vortici atmosferici, che sono modelli di circolazione complessi e dinamici che influenzano le condizioni meteorologiche nelle aree adiacenti.

Influenza sui fronti atmosferici:

La topografia gioca un ruolo cruciale nel modificare i fronti atmosferici. Quando una massa d'aria umida si sposta verso una regione montuosa, l'aria è costretta a salire, intensificando il processo di condensazione e precipitazione. Ciò può comportare gradienti di precipitazione significativi tra i pendii sopravvento e sottovento delle montagne.

Impatti sulla climatologia regionale:

Gli effetti topografici non solo modellano le condizioni meteorologiche quotidiane, ma influenzano anche i modelli climatici regionali a lungo termine. Le aree di altitudine significativa spesso presentano climi distinti rispetto alle regioni circostanti, con notevoli variazioni di temperatura, umidità e precipitazioni.

4.5 Teleconnessioni e oscillazioni atmosferiche:

Le teleconnessioni e le oscillazioni atmosferiche sono fenomeni complessi che svolgono un ruolo cruciale nelle dinamiche climatiche globali. Si riferiscono a relazioni climatiche non locali, dove le variazioni in una regione possono influenzare i modelli meteorologici in aree distanti. Fenomeni climatici come El Niño e La Niña sono esempi importanti di teleconnessioni. Nel caso di El Niño, il riscaldamento anomalo delle acque dell'Oceano Pacifico Equatoriale occidentale induce cambiamenti nella circolazione atmosferica globale, influenzando la distribuzione delle precipitazioni e della temperatura in varie regioni del pianeta. Queste connessioni climatiche distanti sono spesso mediate da cambiamenti nella pressione atmosferica, nella distribuzione dei venti e nel trasporto di umidità.

Oscillazioni atmosferiche:

Le oscillazioni atmosferiche rappresentano variazioni ricorrenti nella circolazione atmosferica e nei modelli di temperatura, spesso associati a modalità specifiche di variabilità climatica. Un esempio notevole è l'oscillazione del Nord Atlantico (NAO), che comporta la variazione della differenza di pressione tra i centri di alta pressione sulle Azzorre e i centri di bassa pressione sull'Islanda. La fase positiva della NAO è associata a inverni più miti in Europa, mentre la fase negativa può provocare inverni più rigidi.

Interconnessioni tra Teleconnessioni e Oscillazioni Atmosferiche:

Le teleconnessioni e le oscillazioni atmosferiche spesso presentano interazioni e interdipendenze complesse. Ad esempio, El Niño è associato ai cambiamenti nell'oscillazione meridionale (SOI), una misura della differenza di pressione tra Darwin,

Australia e Tahiti. Questa interazione tra le teleconnessioni oceaniche e le oscillazioni atmosferiche amplifica gli effetti a cascata sui modelli climatici globali.

Impatti sulle anomalie climatiche:
Le teleconnessioni e le oscillazioni atmosferiche hanno profonde conseguenze per le anomalie climatiche su diverse scale temporali e spaziali. Possono influenzare i modelli delle precipitazioni, eventi estremi come siccità e inondazioni e persino influenzare l'intensità e la frequenza di fenomeni meteorologici estremi come uragani e tifoni.

Implicazioni per la scienza del clima:
Una comprensione completa di questi fenomeni è essenziale per far avanzare la modellizzazione climatica, prevedere eventi estremi e interpretare i cambiamenti climatici a lungo termine. Inoltre, l'analisi delle teleconnessioni e delle oscillazioni atmosferiche fornisce preziose informazioni per l'adattamento e la mitigazione degli impatti climatici in diverse regioni del globo.

4.6 Impatti sulle precipitazioni e sulla distribuzione della temperatura

Analizzare gli impatti sulla distribuzione delle precipitazioni e della temperatura è essenziale per comprendere il cambiamento climatico e i suoi effetti sugli ecosistemi, sull'agricoltura, sulle risorse idriche e sulla società in generale. I principali fattori e conseguenze associati a questi cambiamenti, evidenziando la complessità di questi fenomeni e le loro ramificazioni su scala globale.

Cambiamenti nella distribuzione delle precipitazioni:
I cambiamenti nella distribuzione delle precipitazioni sono tra gli indicatori più tangibili del cambiamento climatico in corso. In alcune regioni si osserva un aumento dell'intensità delle precipitazioni, che contribuisce a eventi di precipitazione estremi, mentre altre aree sperimentano periodi di siccità più lunghi. Questi cambiamenti sono intrinsecamente legati a fenomeni

climatici come El Niño e La Niña, alle teleconnessioni oceaniche e alle oscillazioni atmosferiche, che influenzano i modelli globali di circolazione atmosferica e di trasporto dell'umidità.

Conseguenze per le risorse idriche e l'agricoltura:
Questi cambiamenti nella distribuzione delle precipitazioni hanno implicazioni significative per le risorse idriche e l'agricoltura. L'aumento della frequenza delle forti piogge può portare a inondazioni, erosione del suolo e degrado della qualità dell'acqua. D'altro canto, periodi più lunghi di siccità possono provocare carenze idriche, ridotta disponibilità di irrigazione e impatti negativi sulla produzione agricola. Questi cambiamenti influiscono direttamente sulla sicurezza alimentare e sulla sostenibilità degli ecosistemi.

Trasformazioni nella distribuzione della temperatura:
I cambiamenti nella distribuzione della temperatura sono un altro aspetto significativo del cambiamento climatico. È stato osservato un aumento delle temperature medie globali, con effetti diversi nelle diverse regioni del pianeta. Le aree polari si riscaldano più rapidamente delle regioni tropicali, con conseguenti cambiamenti nei modelli meteorologici, nell'estensione dei ghiacciai e nelle dinamiche degli ecosistemi artici.

Impatti sulle zone climatiche e sugli ecosistemi:
Questi cambiamenti nella distribuzione della temperatura hanno impatti significativi sulle zone climatiche e sugli ecosistemi. In risposta all'aumento delle temperature si osservano migrazioni di specie, cambiamenti nella flora e nella fauna e minacce alla biodiversità. Ecosistemi sensibili come le barriere coralline, la tundra e le foreste pluviali si trovano ad affrontare sfide crescenti a causa dei cambiamenti climatici.

Sfide sociali e strategie di adattamento:
Gli impatti sulle precipitazioni e sulla distribuzione della temperatura hanno implicazioni dirette per le comunità umane. L'aumento del rischio di eventi meteorologici estremi, come

inondazioni, siccità e ondate di caldo, presenta sfide significative per le infrastrutture, la salute pubblica e la sicurezza alimentare. Le strategie di adattamento, compresa la gestione sostenibile delle risorse idriche, le pratiche agricole resilienti al clima e lo sviluppo di infrastrutture resistenti agli eventi estremi, diventano cruciali per mitigare gli impatti negativi e promuovere la resilienza di fronte ai cambiamenti climatici.

CAPITOLO 5: SISTEMI FRONTALI E DISTURBI ATMOSFERICI

I sistemi frontali sono fenomeni meteorologici complessi che svolgono un ruolo di primo piano nel determinare i modelli meteorologici e il verificarsi di eventi meteorologici significativi.

Definizione e caratteristiche:
I sistemi frontali rappresentano zone di transizione tra masse d'aria con proprietà diverse, in particolare temperatura e umidità. La collisione tra queste masse d'aria crea un confine, noto come fronte, che può essere classificato in diverse tipologie, tra cui fronti freddi, fronti caldi, fronti occlusi e fronti stazionari, come accennato nei capitoli precedenti. Ogni tipo di fronte è caratterizzato da modelli specifici di movimento atmosferico e condizioni meteorologiche associate.

Processi associati:
I processi fondamentali associati ai sistemi frontali coinvolgono lo spostamento e l'interazione tra le masse d'aria. In un fronte freddo, ad esempio, una massa d'aria fredda si muove in avanti, costringendo l'aria più calda a salire rapidamente. Questo processo di ascensione porta alla condensazione del vapore acqueo e alla formazione di nuvole, spesso accompagnate da intense precipitazioni e attività convettiva. Al contrario, con i fronti caldi, la massa d'aria calda avanza sopra una massa d'aria fredda, provocando un graduale innalzamento dell'aria e precipitazioni prolungate.

Tipologie di frontali e caratteristiche distintive:
Fronti freddi: associati al rapido avanzamento di una massa di aria fredda, che generalmente provoca piogge intense e rapidi cambiamenti delle condizioni meteorologiche.

Fronti caldi: comportano lo spostamento di una massa d'aria calda su una massa d'aria fredda, con conseguente precipitazione più persistente, spesso associata a nubi stratiformi.

Fronti occlusi: si verificano quando un fronte freddo raggiunge un fronte caldo, provocando il sollevamento di entrambe le masse d'aria e la formazione di un nuovo fronte.

Fronti stazionari: rappresentano confini praticamente immobili tra le masse d'aria, con conseguenti condizioni meteorologiche persistenti e precipitazioni prolungate.

Impatti sulla climatologia regionale:
I sistemi frontali hanno impatti significativi sulle condizioni climatiche regionali. Le loro complesse interazioni influenzano i modelli dei venti, la formazione delle tempeste e la distribuzione spaziale delle precipitazioni. Lo studio di questi sistemi è essenziale per previsioni meteorologiche accurate e per comprendere la variabilità climatica nelle diverse regioni del pianeta.

Contributi alla meteorologia dinamica:
Comprendere i sistemi frontali è fondamentale per la meteorologia dinamica, poiché fornisce informazioni cruciali per la modellizzazione atmosferica e l'interpretazione dei fenomeni meteorologici estremi.

5.1 Monitoraggio e previsione dei sistemi frontali
Il monitoraggio e la previsione dei sistemi frontali costituiscono componenti essenziali della meteorologia operativa, mirata a comprendere e anticipare i cambiamenti delle condizioni atmosferiche associati a questi fenomeni.

1. Osservazioni meteorologiche tradizionali:
- Il monitoraggio inizia con le osservazioni tradizionali, comprese le misurazioni di temperatura, umidità, pressione atmosferica

e direzione del vento. Le stazioni meteorologiche di superficie, i palloni meteorologici e gli strumenti a bordo degli aerei forniscono dati cruciali per comprendere la configurazione iniziale dell'ambiente atmosferico.

2. Immagini satellitari:

- Le immagini satellitari sono essenziali per il monitoraggio della copertura nuvolosa associata ai sistemi frontali. Forniscono una visione ampia e continua delle condizioni atmosferiche su larga scala, consentendo l'identificazione dei fronti e del loro movimento nel tempo.

3. Radar meteorologici:

- I radar meteorologici vengono utilizzati per monitorare l'intensità e i modelli di precipitazione associati ai sistemi frontali. Questi sistemi forniscono dati in tempo reale sulla distribuzione spaziale e sull'intensità di pioggia, neve o tempeste, contribuendo ad allertare tempestivamente le condizioni meteorologiche avverse.

4. Modellazione numerica:

- I modelli numerici di previsione meteorologica svolgono un ruolo cruciale nel monitoraggio. Questi modelli assimilano i dati osservativi per simulare la futura evoluzione dell'atmosfera. Sono essenziali per prevedere il movimento dei fronti, l'intensità delle precipitazioni e altri eventi meteorologici associati.

Previsione dei sistemi frontali:

1. Modellazione numerica del tempo:

- Modelli di previsione numerica, basati su equazioni atmosferiche e dati osservativi, vengono utilizzati per simulare l'evoluzione dei sistemi frontali nelle prossime ore o giorni. Questi modelli generano previsioni dettagliate, considerando la complessa interazione tra le masse d'aria.

2. Analisi dei modelli climatici:

- L'interpretazione dei modelli meteorologici storici e l'identificazione delle teleconnessioni, come El Niño o l'oscillazione del Nord Atlantico, forniscono informazioni preziose. Questi modelli influenzano il comportamento dei sistemi frontali, contribuendo alle previsioni a medio e lungo termine.

3. Aggiornamenti in tempo reale:
- Le moderne tecnologie consentono aggiornamenti in tempo reale sulle condizioni atmosferiche. Ciò include dati provenienti da satelliti, radar e stazioni meteorologiche automatizzate. Queste informazioni in tempo reale consentono di apportare modifiche alle previsioni man mano che si verificano cambiamenti.

4. Sistemi di allerta meteorologica:
- I sistemi di allarme meteorologico sono essenziali per comunicare informazioni critiche alla popolazione. Questi avvisi, basati sulle previsioni dei sistemi frontali, forniscono indicazioni su eventi come tempeste, inondazioni e sbalzi improvvisi di temperatura.

CAPITOLO 6: MASSE D'ARIA

Le masse d'aria rappresentano ampie porzioni dell'atmosfera con caratteristiche uniformi in termini di temperatura, umidità e stabilità. Questi corpi d'aria svolgono un ruolo fondamentale nelle dinamiche atmosferiche, influenzando il clima e i modelli meteorologici su scala regionale e globale.

Caratteristiche delle masse d'aria:
Le masse d'aria sono caratterizzate dalle loro proprietà termodinamiche, che includono temperatura e umidità. La regione di origine di una massa d'aria ne determina le caratteristiche e, rimanendo su di essa, acquisisce proprietà locali. Pertanto, le masse d'aria sopra gli oceani tendono ad essere umide, mentre quelle sopra le aree continentali possono essere secche.

Classificazione delle masse d'aria:

Le masse d'aria vengono classificate in base alle loro caratteristiche di temperatura e umidità. Le classificazioni chiave includono:

1. **Masse tropicali (mT):**Sono originari delle regioni tropicali e sono calde e umide.

2. **Masse polari (mP):**Provengono dalle regioni polari e sono fredde e secche.

3. **Masse artiche (mA):**Sono originari dell'Artico e sono estremamente freddi e secchi.

4. **Masse equatoriali (mE):**Hanno origine vicino all'equatore e sono caldi e umidi.

L'interazione tra le masse d'aria avviene soprattutto nelle zone di confine, chiamate fronti atmosferici.

Spostamenti della massa d'aria:
Le masse d'aria si muovono in risposta ai modelli atmosferici, come i venti dominanti, i sistemi di alta e bassa pressione e i modelli di circolazione atmosferica globale.

1. Spostamento orizzontale: Le masse d'aria si muovono orizzontalmente con i venti dominanti. Ciò avviene su scala regionale ed è influenzato dai modelli meteorologici locali.

2. Spostamento verticale: La salita e la discesa delle masse d'aria avviene nelle zone dei fronti atmosferici, dei cicloni e degli anticicloni. Questo movimento verticale è legato alla stabilità atmosferica e alla formazione di diversi tipi di nuvole.

3. Movimento stagionale: Su scale temporali più lunghe, le masse d'aria possono spostarsi stagionalmente a causa dei cambiamenti nell'inclinazione dell'asse terrestre e nella distribuzione della radiazione solare.

L'influenza delle masse d'aria sulla climatologia locale è un fenomeno complesso ed estremamente importante per comprendere i modelli climatici in una determinata regione. In questa sezione presenteremo le caratteristiche delle masse d'aria che influenzano il clima locale, influenzando le temperature, i modelli delle precipitazioni e le condizioni atmosferiche.

Caratteristiche delle masse d'aria locali:
Le caratteristiche specifiche delle masse d'aria locali svolgono un ruolo fondamentale nel modellare il clima di una regione. Ad esempio, nelle regioni costiere, le masse d'aria marittime possono portare umidità e temperature più moderate, mentre le masse d'aria continentali possono portare condizioni più secche ed estreme.

Influenza sulla temperatura:

La temperatura è fortemente influenzata dal tipo di massa d'aria predominante in una zona. Le masse d'aria tropicali tendono a portare temperature più calde, mentre le masse d'aria polari possono provocare condizioni più fredde. L'interazione di diverse masse d'aria, come un fronte caldo o freddo, può creare notevoli variazioni di temperatura.

Modelli di precipitazione:

L'umidità trasportata dalle masse d'aria gioca un ruolo cruciale nella formazione dei modelli di precipitazione locale. Le masse d'aria umide, come quelle tropicali, sono generalmente associate a precipitazioni frequenti e intense. D'altro canto, le masse d'aria secche, come quelle continentali, possono dar luogo a periodi di siccità.

Stagioni e turni stagionali:

Lo spostamento stagionale delle masse d'aria contribuisce ai cambiamenti delle stagioni. Ad esempio, in molte regioni, le masse d'aria polari possono spostarsi verso latitudini più basse durante l'inverno, determinando temperature più fredde. In estate le masse d'aria tropicali possono estendersi fino alle latitudini più elevate, portando caldo e umidità.

Influenza sulla topografia:

La topografia locale gioca un ruolo aggiuntivo nell'influenzare le masse d'aria. Le montagne possono fungere da barriere, costringendo le masse d'aria a sollevarsi, il che può portare alla formazione di condensa e precipitazioni sul lato sopravvento. Il lato sottovento potrebbe sperimentare condizioni più asciutte.

Eventi meteorologici estremi:

L'interazione tra diverse masse d'aria può portare alla formazione di sistemi meteorologici estremi, come tempeste, uragani o cicloni. La dinamica di questi eventi è spesso influenzata dalla temperatura della superficie del mare e dalla configurazione geografica.

Cambiamenti climatici locali:
Con il cambiamento climatico globale, le caratteristiche delle masse d'aria e il loro impatto sulla climatologia locale potrebbero subire trasformazioni significative. L'aumento delle temperature globali può influenzare l'intensità e la frequenza delle masse d'aria calda, influenzando i modelli meteorologici locali.

CAPITOLO 7 CLIMI DELLE MEDIE LATITUDINI

I climi di media latitudine sono un tipo di clima che si verifica in aree situate tra le latitudini approssimative di 30° e 60° negli emisferi settentrionale e meridionale. Queste regioni sperimentano una marcata variabilità stagionale, con estati calde e inverni freddi, che si traducono in quattro stagioni distinte: primavera, estate, autunno e inverno. Questo tipo di clima è caratteristico di molte aree continentali e di parti delle regioni temperate.

7.1 Caratteristiche principali dei climi alle medie latitudini:

1. Variazione stagionale pronunciata: I climi alle medie latitudini mostrano notevoli variazioni delle condizioni meteorologiche durante tutto l'anno, con temperature più alte in estate e più basse in inverno. Questa ampiezza termica stagionale è una caratteristica sorprendente di queste regioni.

2. Precipitazioni distribuite durante tutto l'anno: Le precipitazioni nelle aree con clima alle medie latitudini sono generalmente distribuite in modo relativamente uniforme durante tutto l'anno. Sebbene vi siano variazioni stagionali nella quantità di precipitazioni, queste non sono così pronunciate come in altri tipi di clima.

3. Influenza delle masse d'aria: L'interazione tra le masse d'aria gioca un ruolo significativo nel determinare le condizioni meteorologiche. I fronti atmosferici, comuni in queste regioni, possono provocare cambiamenti rapidi e frequenti del clima.

4. Stagioni ben definite: Le quattro stagioni sono ben definite, ciascuna caratterizzata da modelli meteorologici distinti. Le estati tendono ad essere più calde, mentre gli inverni sono più freddi. Le transizioni tra queste stagioni sono contrassegnate da cambiamenti nelle temperature e nei modelli di precipitazione.

5. Vegetazione diversificata: La vegetazione in queste regioni può essere molto varia, comprese foreste decidue che perdono le foglie in inverno, boschi misti e praterie. La capacità di sostenere una varietà di ecosistemi è facilitata dalla presenza di stagioni ben definite.

Sottotipi di climi alle medie latitudini:

1. Clima continentale: Caratterizzato da inverni rigidi ed estati calde, spesso con significative escursioni termiche annuali. Le zone interne dei continenti hanno spesso questo tipo di clima.

2. Clima oceanico: Trovato in aree vicine a grandi specchi d'acqua, come oceani o mari. Queste regioni hanno generalmente inverni miti ed estati fresche, con una distribuzione più uniforme delle precipitazioni durante tutto l'anno.

3. Clima subartico: Presente alle latitudini più elevate delle zone di media latitudine, caratterizzate da inverni molto freddi ed estati brevi e moderatamente calde.

I climi alle medie latitudini svolgono un ruolo cruciale nel determinare i modelli meteorologici in molte aree del globo. Le loro caratteristiche distintive influenzano non solo il clima locale, ma anche la vegetazione, la biodiversità e i modelli di insediamento umano in queste regioni.

7.2 Adattamento e mitigazione nei climi delle medie latitudini:

I climi alle medie latitudini, con le loro stagioni distinte e la variabilità stagionale, presentano sfide particolari di fronte ai cambiamenti climatici. Sia l'adattamento che la mitigazione sono strategie essenziali per affrontare queste sfide e promuovere la resilienza in queste regioni.

1. Infrastruttura resistente agli agenti atmosferici: Lo sviluppo di infrastrutture resilienti ai cambiamenti climatici è fondamentale per affrontare eventi meteorologici estremi come tempeste e inondazioni più intense. Ciò include sistemi di drenaggio, argini e strutture migliorati che resistono a condizioni meteorologiche avverse.

2. Gestione dell'acqua: La gestione sostenibile dell'acqua è essenziale nei climi alle medie latitudini, dove la disponibilità di acqua può variare in modo significativo tra le stagioni. Ciò implica pratiche di irrigazione efficienti, ritenzione idrica e gestione delle risorse idriche per periodi di siccità e inondazioni.

3. Agricoltura adattiva: Gli adattamenti in agricoltura includono lo sviluppo di colture più resistenti allo stress da calore e alla variabilità climatica. Anche l'adeguamento delle pratiche agricole, come le date di semina e la selezione delle colture, in risposta ai cambiamenti delle condizioni meteorologiche è fondamentale.

4. Zonizzazione urbana sostenibile: La pianificazione urbana sostenibile tiene conto delle condizioni climatiche locali, compresa la riduzione dell'effetto isola di calore urbana, l'aumento delle aree verdi e la creazione di spazi pubblici adattabili ai cambiamenti climatici.

5. Sistemi di allerta precoce: Sviluppo e implementazione di efficaci sistemi di allerta precoce per eventi meteorologici estremi, come ondate di caldo, tempeste e inondazioni, per migliorare la preparazione e la risposta della comunità.

Mitigazione nei climi alle medie latitudini:

1. Energia rinnovabile: Investire in fonti di energia rinnovabile, come quella solare ed eolica, può contribuire a ridurre le emissioni di gas serra associate alla produzione di energia. Ciò è particolarmente rilevante nei climi alle medie latitudini dove la domanda di energia varia stagionalmente.

2. Trasporti sostenibili: Promuovere il trasporto sostenibile, compreso l'uso del trasporto pubblico, delle piste ciclabili e dei veicoli elettrici, per ridurre le emissioni di gas serra provenienti dal settore dei trasporti.

3. Efficienza energetica: Migliorare l'efficienza energetica negli edifici e nelle industrie è una strategia chiave per mitigare il cambiamento climatico. Ciò include misure come l'isolamento termico, tecnologie efficienti e pratiche di produzione più pulite.

4. Rimboschimento e conservazione: La riforestazione e la conservazione delle aree verdi svolgono un ruolo importante nella mitigazione, contribuendo ad assorbire l'anidride carbonica dall'atmosfera e a preservare gli ecosistemi che fungono da pozzi di carbonio.

5. Politiche sull'uso del territorio: attuare politiche che promuovano pratiche sostenibili di utilizzo del territorio, come la gestione sostenibile delle foreste e la conservazione delle aree di accumulo del carbonio, come le zone umide e le foreste.

Combinando strategie di adattamento e mitigazione, le regioni delle medie latitudini possono affrontare le sfide poste dai cambiamenti climatici, promuovendo la sostenibilità e la resilienza di fronte a un clima in evoluzione.

CAPITOLO 8 CORRENTI MARINE E LORO IMPORTANZA

Le correnti marine svolgono un ruolo fondamentale nella regolazione del clima globale, esercitando un'influenza significativa sui modelli atmosferici e sulla distribuzione termica degli oceani. Questi massicci movimenti d'acqua, che si verificano sia in superficie che nelle profondità degli oceani, sono guidati da una combinazione di fattori, tra cui le differenze di temperatura, salinità, venti e rotazione terrestre.

L'importanza delle correnti marine in climatologia è vasta e sfaccettata. In primo luogo, svolgono un ruolo vitale nella ridistribuzione del calore sul pianeta. Le correnti calde trasportano acque calde dai tropici a latitudini più elevate, mentre le correnti fredde spostano acque più fredde dalle regioni polari alle aree equatoriali. Questo processo contribuisce direttamente alla modulazione delle temperature locali e globali, influenzando i climi regionali.

Inoltre, le correnti marine esercitano un'influenza cruciale sugli ecosistemi marini, influenzando la distribuzione dei nutrienti e la vita marina. Svolgono anche un ruolo chiave nella regolazione del clima agendo come "vettori" di gas come l'anidride carbonica, contribuendo a mitigare gli effetti del cambiamento climatico assorbendo e immagazzinando carbonio.

Pertanto, l'analisi delle correnti marine gioca un ruolo preponderante in climatologia, contribuendo alla comprensione dei meccanismi che modellano il nostro clima e influenzando le condizioni climatiche su scala locale e globale.

8.1 Correnti superficiali:

Le correnti superficiali sono movimenti orizzontali dell'acqua che si verificano negli strati superiori degli oceani, generalmente entro i primi 200 metri dalla superficie. Queste correnti sono influenzate principalmente dai venti, ma possono essere influenzate anche da altri fattori, come la forma delle coste, la configurazione delle masse continentali e la rotazione terrestre. La principale forza trainante delle correnti superficiali è l'azione dei venti. Quando i venti soffiano sulla superficie dell'oceano, esercitano una pressione sull'acqua, spingendola nella direzione del vento. Questo trasferimento di energia dai venti all'acqua crea correnti superficiali. Tuttavia, l'influenza dei venti non è uniforme, e altri fattori possono modulare la direzione e l'intensità di queste correnti.

Le correnti superficiali svolgono un ruolo chiave nella ridistribuzione del calore attorno al pianeta. Le correnti calde, come la Corrente del Golfo nel Nord Atlantico, trasportano acque calde dai tropici a latitudini più elevate, influenzando il clima nelle regioni costiere. D'altro canto, le correnti fredde, come la Corrente di Humboldt nell'Oceano Pacifico, spostano le acque più fredde dalle regioni polari alle aree equatoriali, contribuendo alla modulazione delle temperature locali.

Queste correnti hanno anche importanti implicazioni per gli ecosistemi marini, poiché influenzano la distribuzione dei nutrienti e influenzano la vita marina. Inoltre, le correnti superficiali svolgono un ruolo nell'assorbimento e nel trasporto dell'anidride carbonica, contribuendo alla regolazione del clima globale.

8.2 Correnti profonde:

Le correnti profonde, note anche come correnti termoaline o correnti oceaniche a circolazione globale, si riferiscono a movimenti dell'acqua che si verificano a profondità maggiori negli oceani, generalmente sotto i 200 metri e, in alcuni casi, raggiungono migliaia di metri di profondità. A differenza delle correnti superficiali, che sono guidate principalmente dai venti, le correnti profonde sono mosse dalle differenze di densità dell'acqua, derivanti dalle variazioni di temperatura e salinità.

Il processo fondamentale che guida le correnti profonde è la formazione di acque dense nelle regioni polari. Nelle aree polari, l'acqua superficiale viene intensamente raffreddata dal freddo estremo, diventando più densa. Inoltre, l'acqua salata derivante dal congelamento del ghiaccio marino contribuisce all'aumento della densità. Questo processo porta alla formazione di acque dense e fredde che sprofondano verso il fondale oceanico.

Una volta che queste acque dense si sono formate, iniziano a muoversi orizzontalmente verso le regioni equatoriali, spinte dalla forza di Coriolis e da altre influenze. Questo movimento lento e massiccio dell'acqua negli oceani profondi costituisce la circolazione termoalina globale, una componente essenziale del sistema di trasporto del calore e di ridistribuzione dei nutrienti negli oceani.

Le correnti profonde hanno un impatto significativo sul clima globale, poiché svolgono un ruolo cruciale nella regolazione termica dell'oceano e nella modulazione del clima su scala globale. Queste correnti contribuiscono anche all'assorbimento e al trasporto dell'anidride carbonica, contribuendo a regolare il clima della Terra e a mitigare i cambiamenti climatici.

Un notevole esempio di corrente profonda è la Corrente Circumpolare Antartica, che scorre intorno all'Antartide, collegando tutti gli oceani del pianeta. Altre importanti correnti profonde includono la corrente del profondo Atlantico settentrionale e la corrente del profondo Atlantico meridionale.

L'uso di tecnologie avanzate, come boe e strumenti di misurazione remota, ha contribuito a una comprensione più profonda di questi complessi sistemi di circolazione oceanica.

8.3 Salinizzazione dell'acqua:

La salinizzazione dell'acqua si riferisce all'aumento della

concentrazione dei sali disciolti, in particolare del cloruro di sodio (sale comune), nell'acqua. Questo fenomeno può verificarsi in diversi ambienti acquatici, inclusi oceani, mari, fiumi e falde acquifere, e può avere diverse cause. La salinizzazione può influenzare la climatologia in diversi modi, soprattutto quando avviene su larga scala.

8.4 Cause di salinizzazione dell'acqua:

1. Intrusione salina: L'intrusione di acqua salata nelle regioni costiere può verificarsi a causa dell'innalzamento del livello del mare, dell'eccessiva estrazione di acqua dolce dalle falde acquifere costiere o di eventi meteorologici estremi come le tempeste.

2. Irrigazione agricola: L'irrigazione intensiva nelle zone soggette ad evaporazione può portare all'accumulo di sali nel terreno e infine nell'acqua, rendendola più salina.

3. Deforestazione e cambiamento nell'uso del suolo: I cambiamenti nella copertura vegetale, come la deforestazione, possono modificare i modelli di infiltrazione dell'acqua nel suolo, influenzando la quantità di acqua dolce disponibile e aumentando la salinità.

4. Attività industriali e minerarie: Gli scarichi di rifiuti industriali e minerari possono introdurre sali nell'acqua, aumentandone la salinità.

Influenza sulla climatologia:

1. Ciclo idrologico: La salinizzazione può alterare il ciclo idrologico, influenzando l'evaporazione, le precipitazioni e la formazione delle nubi. L'acqua più salata ha un punto di congelamento più basso e un punto di ebollizione più alto rispetto all'acqua dolce, il che può influenzare i processi di trasferimento del calore sulla superficie terrestre.

2. Modelli di precipitazione: I cambiamenti nella salinità possono influenzare i modelli delle precipitazioni, poiché l'evaporazione dell'acqua salata può provocare il rilascio di calore latente nell'atmosfera, influenzando la formazione di nuvole e la frequenza delle precipitazioni.

3. Correnti oceaniche e circolazione atmosferica: La salinità dell'acqua oceanica svolge un ruolo vitale nella circolazione oceanica globale. Cambiamenti significativi nella salinità possono avere un impatto sulle correnti oceaniche, influenzando indirettamente la circolazione atmosferica e, quindi, i modelli meteorologici.

4. Impatti sugli ecosistemi: La salinizzazione dell'acqua può avere effetti negativi sugli ecosistemi acquatici, influenzando la biodiversità e le catene alimentari. Ciò, a sua volta, potrebbe avere implicazioni per la regolamentazione dei gas serra come l'anidride carbonica.

8.4 Come le correnti marine influenzano la salinità:
Le correnti marine esercitano un'influenza significativa sulla salinità dell'oceano, svolgendo un ruolo cruciale nella distribuzione globale dei sali disciolti. Il modo in cui le correnti marine influenzano la salinità è complesso ed è legato a diversi processi oceanografici. Ecco alcuni modi in cui le correnti marine influenzano la salinità:

1. Trasporto di acque saline e dolci:
- Le correnti marine spostano grandi volumi d'acqua sulla superficie degli oceani. Quando una corrente si sposta da una regione all'altra, può trasportare acque con diversi livelli di salinità. Le correnti calde, originarie delle regioni tropicali, tendono a trasportare acque più saline, mentre le correnti fredde, originarie delle regioni polari, trasportano acqua con meno sale.

2. Miscelazione delle acque:
- L'incontro di diverse correnti marine, soprattutto nelle regioni di convergenza o di confine tra corpi d'acqua, può provocare una

miscela con diverse salinità. Questo processo è fondamentale per la variabilità della salinità negli oceani.

3. Evaporazione e precipitazione:

- Le correnti marine, soprattutto quelle che scorrono in regioni ad elevata insolazione, possono influenzare l'evaporazione dell'acqua dalla superficie dell'oceano. L'evaporazione contribuisce ad aumentare la salinità nelle aree in cui l'acqua sta evaporando. D'altra parte, le regioni in cui le precipitazioni sono intense potrebbero subire una diminuzione della salinità.

4. Correnti di ricircolo:

- Alcune correnti formano sistemi di ricircolo noti come vortici oceanici. Questi vortici possono intrappolare l'acqua in alcune regioni, influenzando localmente la salinità. Ad esempio, il vortice del Nord Atlantico è un sistema di ricircolo che influenza la salinità nella regione.

5. Circolazione termoalina:

- Le correnti profonde, che costituiscono la cosiddetta circolazione termoalina, svolgono un ruolo cruciale nella distribuzione verticale della salinità. Acque più dense e saline, generalmente formate nelle regioni polari, affondano e scorrono nelle regioni più profonde degli oceani, influenzando la salinità in diversi strati verticali.

Comprendere questi processi è vitale per oceanografi e climatologi, poiché la salinità dell'acqua è intrinsecamente legata ai modelli climatici globali e alla circolazione oceanica. I cambiamenti nelle correnti marine possono avere impatti significativi sulla distribuzione della salinità, influenzando gli ecosistemi marini, i modelli climatici regionali e persino la circolazione atmosferica globale.

8.5 Salinità e sua importanza nella vita marina

L'importanza ecologica della salinità nella vita marina è significativa in quanto svolge un ruolo fondamentale nella distribuzione, nel comportamento e nella fisiologia di diverse specie. La salinità, che si riferisce alla concentrazione di sali disciolti nell'acqua, varia nelle diverse regioni oceaniche e nel tempo, creando ambienti distinti in cui gli organismi marini si sono evoluti per adattarsi. Ecco alcuni aspetti cruciali dell'importanza ecologica della salinità:

1. Distribuzione delle specie:

- La tolleranza alla salinità varia tra le specie marine, influenzando direttamente la loro distribuzione geografica. Alcune specie sono stenoaline, nel senso che hanno una gamma ristretta di tolleranza alla salinità e si trovano in ambienti con condizioni specifiche. Altri sono eurialini, adattati a un'ampia gamma di salinità, consentendo loro di abitare aree che presentano variazioni significative di salinità.

2. Adattamenti fisiologici:

- Molte specie marine hanno sviluppato adattamenti fisiologici per affrontare i cambiamenti di salinità. Ad esempio, i pesci osmoconformi possono regolare attivamente la loro concentrazione interna di sale per adattarla a quella dell'ambiente circostante. Altre specie potrebbero avere meccanismi per gestire le differenze nell'osmosi, consentendo loro di vivere in ambienti ipersalini o iposalini.

3. Cicli di vita e migrazione:

- Il ciclo di vita di alcune specie marine è intrinsecamente legato ai modelli di salinità. Molte specie di pesci, ad esempio, migrano tra ambienti di acqua dolce e salata durante le diverse fasi della loro vita. I cambiamenti nella salinità possono anche innescare migrazioni stagionali verso luoghi più adatti alla riproduzione, all'alimentazione o allo sviluppo larvale.

4. Effetti sulla produzione primaria:

- La salinità influenza la disponibilità dei nutrienti e la fotosintesi nel fitoplancton e nelle piante marine, influenzando la produzione primaria negli ecosistemi oceanici. I cambiamenti nella salinità possono quindi avere effetti a cascata lungo tutta la catena alimentare, colpendo gli organismi erbivori e predatori.

5. Sfide ambientali:

- Variazioni estreme della salinità, come quelle riscontrate nelle regioni degli estuari o in luoghi in cui l'acqua dolce si mescola con l'acqua salata, possono rappresentare sfide ambientali per le specie. Alcune specie hanno sviluppato adattamenti comportamentali per affrontare queste condizioni, mentre altre potrebbero essere più sensibili a questi cambiamenti.

6. Impatti del cambiamento climatico:

- I cambiamenti nei modelli climatici, come l'aumento delle temperature globali e i cambiamenti nei regimi delle precipitazioni, possono influenzare la salinità in molte regioni costiere. Questi cambiamenti possono rappresentare sfide significative per le comunità marine, in particolare quelle che dipendono da specifici ambienti salini.

Gli adattamenti delle specie alla salinità e le loro risposte alle variazioni di questa componente ambientale sono aspetti essenziali per comprendere le dinamiche degli ecosistemi acquatici e le complesse interazioni tra gli organismi marini e il loro ambiente.

CAPITOLO 9 PLANCTON FITOPLANCTON E ZOOPLANCTON

Il plancton, che comprende fitoplancton e zooplancton, svolge un ruolo complesso e significativo nella climatologia globale attraverso le sue interazioni fondamentali con gli oceani, l'atmosfera e altri componenti del sistema Terra. Questa analisi dettagliata evidenzia i seguenti modi in cui il plancton influenza la climatologia:

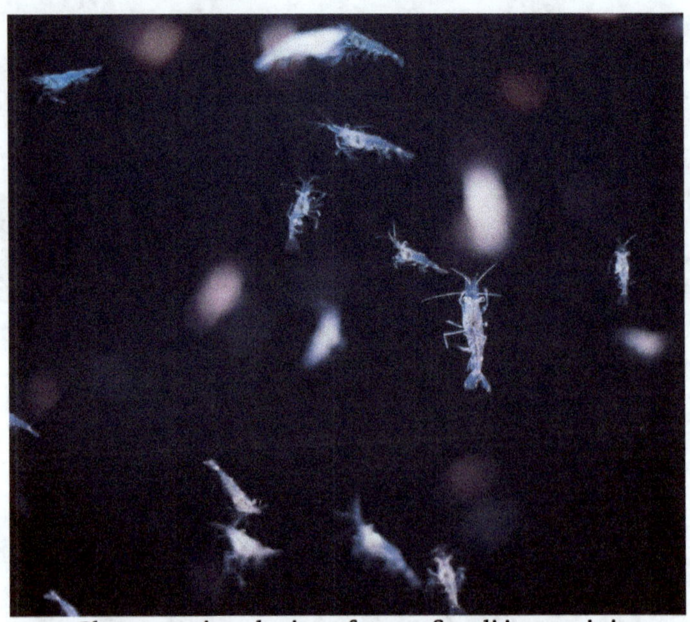

Plancton: riproduzione fotografica di immagini

1. Fissazione del carbonio e ciclo del carbonio:
- Il fitoplancton, durante la fotosintesi, sequestra l'anidride carbonica atmosferica, avviando la fissazione del carbonio negli oceani. Questo processo contribuisce in modo sostanziale alla

mitigazione del cambiamento climatico, regolando il bilancio globale del carbonio e promuovendo il trasferimento di carbonio organico nelle catene alimentari marine.

2. Produzione di ossigeno:

- Il fitoplancton svolge un ruolo preponderante nella produzione di ossigeno attraverso la fotosintesi, costituendo una fonte sostanziale di ossigeno atmosferico. Questo contributo è estremamente importante per i processi aerobici, vitalizzando la respirazione degli organismi terrestri e marini.

3. Partecipazione al Ciclo dello Zolfo:

- Il fitoplancton innesca il ciclo dello zolfo rilasciando dimetilsolfuro (DMS), un composto che, se rilasciato nell'atmosfera, può influenzare la formazione di particelle, influenzando la formazione delle nubi e, di conseguenza, la regolazione del clima e i modelli delle precipitazioni.

4. Influenza sull'assorbimento del calore:

- Le distinte proprietà ottiche dei diversi tipi di plancton influenzano l'assorbimento del calore negli oceani. Questa interazione modula la quantità di luce solare assorbita o riflessa dalla superficie dell'oceano, che a sua volta influisce sulle temperature della superficie del mare e sulle condizioni climatiche regionali.

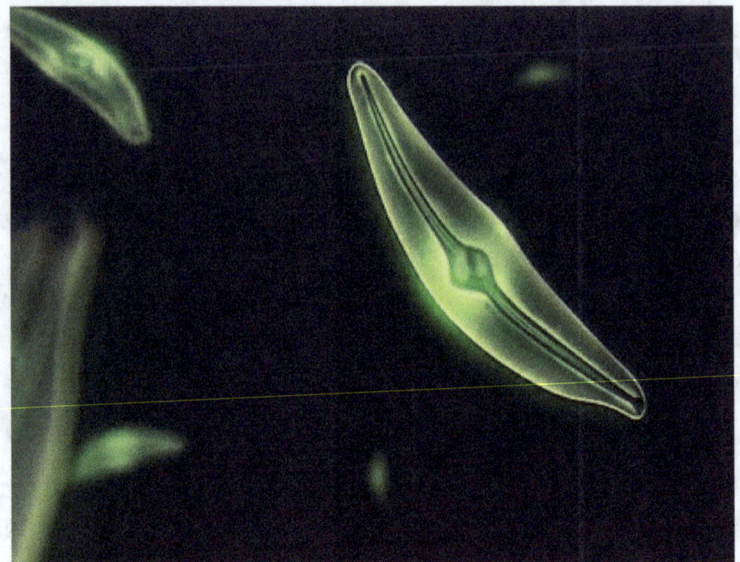

Fitoplancton: riproduzione delle immagini

5. Regolazione della circolazione oceanica:

- Il movimento dello zooplancton lungo le correnti oceaniche contribuisce al mescolamento verticale delle acque e alla circolazione oceanica. Questa circolazione ha ripercussioni significative sulla ridistribuzione del calore negli oceani, influenzando i modelli climatici regionali e globali.

6. Catena alimentare ed ecosistemi marini:

- Il plancton costituisce la base essenziale della catena alimentare marina, sostenendo la biodiversità e la produttività degli ecosistemi marini. Le variazioni nell'abbondanza e nella composizione del plancton possono innescare effetti a cascata lungo tutta la catena alimentare, alterando la dinamica degli ecosistemi marini e, di conseguenza, i processi climatici associati.

In sintesi, la complessità delle attività biologiche e delle interazioni del plancton, in particolare del fitoplancton, svolge un ruolo vitale nella regolazione del clima globale, manifestandosi in una varietà di processi e fenomeni che modellano i modelli climatologici del pianeta.

Zooplancton: riproduzione delle immagini

CAPITOLO 10: CLIMI DI ALTITUDINE E REGIONI POLARI

I climi di altitudine si riferiscono alle condizioni climatiche specifiche che predominano nelle regioni montuose. Queste aree, caratterizzate da marcate variazioni altitudinali, presentano caratteristiche climatiche distinte, influenzate dalla topografia, dalla vicinanza all'equatore e dai modelli atmosferici locali.

10.1 Gradienti termici in ambienti di altitudine

Una delle caratteristiche fondamentali dei climi d'alta quota è la presenza di gradienti termici accentuati. All'aumentare dell'altitudine la temperatura tende a diminuire. Questo fenomeno è legato all'espansione adiabatica dell'aria e alla riduzione della pressione atmosferica con l'altitudine, determinando condizioni meteorologiche uniche e spesso imprevedibili.

10.2 Influenza sulla biodiversità e sugli ecosistemi montani

I climi di altitudine sono noti per ospitare ecosistemi montani unici, comprese le foreste subalpine, alpine e nivali. La biodiversità in queste regioni è spesso elevata, con diversi adattamenti biologici a condizioni estreme come le basse temperature, la bassa pressione atmosferica e le intense radiazioni ultraviolette.

10.3 Sfide climatiche e impatti socioeconomici

Le aree ad alta quota presentano sfide significative, sia in termini di condizioni climatiche che di adattamento umano. L'agricoltura di montagna, ad esempio, è sensibile alle variazioni termiche e delle precipitazioni, mentre gli impatti socioeconomici includono problemi di accesso ai servizi di base e vulnerabilità agli eventi meteorologici estremi.

10.4 Climi delle regioni polari

I climi delle regioni polari comprendono aree vicine ai poli nord e sud, caratterizzate da temperature medie annuali basse. L'esposizione limitata alla luce solare, soprattutto durante l'inverno, contribuisce a condizioni meteorologiche estreme come freddo intenso e lunghi periodi di oscurità.

10.5 Dinamica del ghiaccio e degli ecosistemi polari

La presenza predominante di ghiaccio e neve è una caratteristica distintiva di questi climi. Le dinamiche degli ecosistemi polari sono intrinsecamente legate alla stagionalità del ghiaccio marino, influenzando la distribuzione della vita marina e terrestre. Anche gli estremi di luminosità, con giorni e notti che durano mesi, modellano la vita nelle regioni polari.

10.6 Cambiamenti climatici nelle regioni polari

Le regioni polari sono particolarmente sensibili ai cambiamenti climatici globali. Il riscaldamento globale provoca uno scioglimento accelerato dei ghiacci, influenzando gli ecosistemi, la biodiversità e i modelli meteorologici. Questi cambiamenti hanno implicazioni globali, tra cui l'innalzamento del livello del mare e il cambiamento dei modelli meteorologici alle latitudini più basse.

10.7 Impatti sociali e scientifici

Le persone che vivono nelle regioni polari devono affrontare sfide uniche legate all'isolamento, all'accesso limitato alle risorse e alle condizioni meteorologiche estreme. Inoltre, le regioni polari svolgono un ruolo molto rilevante nella ricerca scientifica, sia sui cambiamenti climatici che nella comprensione dei processi globali.

Regione polare

CAPITOLO 11: CLIMI ARIDI E SEMI-ARIDI

Il clima arido, noto anche come clima desertico, è caratterizzato da scarse precipitazioni durante tutto l'anno. In generale, le zone dal clima arido ricevono meno di 250 millimetri di pioggia all'anno. Oltre alla mancanza di precipitazioni, il clima arido è noto per le elevate temperature diurne e le significative escursioni termiche tra il giorno e la notte.

Alcuni dei paesi in cui si trovano estese aree con clima arido includono:

1. Australia: gran parte dell'interno dell'Australia è caratterizzato da climi aridi e semi-aridi, con vasti deserti come il deserto dei Simpson e il deserto del Tanami.

2. Stati Uniti: parti degli Stati Uniti sudoccidentali, inclusi stati come Arizona, Nuovo Messico, Nevada e parti della California, hanno climi aridi e desertici. Il deserto del Mojave e il deserto di Sonora ne sono esempi.

3. Messico: il Messico settentrionale, comprese le aree intorno al deserto di Chihuahuan, sperimenta climi aridi e semi-aridi.

4. Cile: il Cile settentrionale, in particolare la regione di Atacama, è considerato il deserto più arido del mondo, caratterizzato da scarse precipitazioni e condizioni estremamente secche.

5. Cina: parti della Cina nordoccidentale, come la regione autonoma della Mongolia Interna, hanno climi aridi.

6. Africa: ampie porzioni del continente africano, come parti del Sahara, del Kalahari e del Namib, sono coperte da climi aridi e deserti.

7. Mongolia: parti della Mongolia meridionale hanno climi aridi, con vaste steppe e regioni desertiche.

È importante notare che le condizioni esatte possono variare all'interno di queste regioni e la presenza di climi aridi spesso porta allo sviluppo di ecosistemi adattati alle condizioni di magra, come piante e animali xerofiti adattati alle scarse risorse idriche.

Il clima semiarido Si tratta di un tipo di clima caratterizzato da una stagione secca prolungata, con precipitazioni irregolari e spesso insufficienti a sostenere pienamente la vegetazione e le attività agricole. Questo clima si verifica generalmente nelle regioni di transizione tra climi aridi e umidi. Le aree semiaride possono sperimentare condizioni di siccità ma conservano ancora un certo potenziale per sostenere la vita vegetale.

Alcuni paesi in cui sono presenti aree con clima semi-arido includono:

1. **Stati Uniti**: Parti degli Stati Uniti sudoccidentali, come il Texas sudoccidentale, parti dell'Arizona, del Nuovo Messico e della California, hanno caratteristiche climatiche semi-aride.

2. **Messico**: alcune regioni del Messico settentrionale, comprese le aree intorno al deserto di Chihuahuan, sono semi-aride.

3. **Brasile**: La regione nordorientale del Brasile ospita zone semiaride, soprattutto nell'entroterra nordorientale. Stati come Ceará, Piauí, Rio Grande do Norte, Paraíba e Bahia hanno parti che vivono un clima semi-arido.

4. **Argentina**: Anche parti dell'Argentina nordoccidentale, come la regione di Cuyo, hanno caratteristiche climatiche semi-aride.

5. **Spagna**: Alcune regioni dell'interno della Spagna, come la Castiglia, hanno un clima semiarido.

6. **Australia**: Alcune aree dell'entroterra australiano, comprese parti dell'Outback, hanno caratteristiche climatiche semi-aride.

7.Africa: Diverse regioni dell'Africa, come parti del Sahara e del Kalahari, sono classificate come semi-aride.

Il clima semiarido presenta sfide significative in termini di gestione delle risorse idriche e di agricoltura, poiché le precipitazioni irregolari possono portare a periodi di siccità prolungata. L'adattamento a queste condizioni spesso implica lo sviluppo di pratiche agricole e strategie di conservazione dell'acqua specifiche per queste aree.

CAPITOLO 12: EVENTI ESTREMI - URAGANI, TIFONI E CICLONI

Gli eventi tropicali estremi, rappresentati da uragani, tifoni e cicloni, sono fenomeni meteorologici caratterizzati da venti estremamente forti, piogge intense e, in alcuni casi, inondazioni costiere. Questi eventi hanno origine nelle aree tropicali e subtropicali e la loro incidenza è associata a specifici modelli climatici.

12.1 Meccanismi di formazione e sviluppo

La formazione di questi eventi estremi avviene sulle acque oceaniche riscaldate, dove l'energia termica viene trasferita all'atmosfera. Condizioni di elevata umidità, basso wind shear e acque calde sono fondamentali per lo sviluppo e l'intensificazione di questi sistemi ciclonici. L'azione della forza di Coriolis è essenziale per la rotazione del sistema.

12.2 Classificazione e nomenclatura

Gli uragani si formano quando l'acqua dell'oceano raggiunge temperature superiori a 26°C ed evapora. Salendo, questo vapore incontra strati più freddi e forma grandi nubi temporalesche. Durante questo processo, la pressione atmosferica diminuisce e comincia ad attrarre masse d'aria verso le parti più alte del cielo. I tornado sono fenomeni tipicamente continentali, la loro formazione avviene per l'arrivo di fronti freddi nelle regioni dove l'aria è più calda e instabile, favorendo lo sviluppo di un temporale che, a sua volta, determina la formazione di questo tipo di cicloni. Fondamentalmente uragani e tifoni sono la stessa cosa, ma i luoghi in cui si verificano sono diversi. Gli uragani si verificano nell'Oceano Atlantico e nella parte orientale dell'Oceano Pacifico. I tifoni esistono esclusivamente nella parte occidentale del Pacifico. L'intensità è spesso classificata sulla scala Saffir-Simpson[3], che varia da 1 a 5, indicando la forza dei venti e il potenziale di danno.

12.3 Dinamiche e struttura interna

La dinamica interna di questi sistemi è complessa, con un nucleo caldo centrale, noto come occhio, circondato da fasce temporalesche che sostengono venti intensi e piogge torrenziali. L'occhio, caratterizzato da condizioni meteorologiche relativamente calme, è una caratteristica distintiva di questi eventi e contribuisce all'intensificazione del sistema.

12.4 Impatti climatici e ambientali

Gli impatti di questi eventi estremi sono vasti e comprendono inondazioni costiere dovute all'innalzamento del livello del mare, venti distruttivi che causano danni strutturali e piogge intense che provocano inondazioni e frane. Anche gli ecosistemi marini possono essere colpiti, con acque agitate e danni alle barriere coralline.

12.5 Gestione del rischio e prevenzione dei disastri

Gestire i rischi associati a questi eventi estremi è essenziale per ridurre al minimo i danni. Questi includono sistemi di previsione avanzati, evacuazioni coordinate, strategie di costruzione resistenti al vento e investimenti infrastrutturali per affrontare le inondazioni. Anche la consapevolezza e la preparazione del pubblico svolgono un ruolo cruciale nel mitigare gli impatti.

12.6 Cambiamenti climatici e tendenze future

Il rapporto tra eventi tropicali estremi e il cambiamento climatico globale è un argomento di crescente preoccupazione. Si prevede che l'intensità e la frequenza di questi eventi aumenteranno con l'aumento della temperatura globale. Comprendere queste interazioni è vitale per la pianificazione dell'adattamento e della resilienza nelle comunità vulnerabili.

12.7 Prospettive interdisciplinari e sfide scientifiche.

Lo studio di questi eventi estremi trascende i limiti della meteorologia, coprendo aree come la scienza del clima, l'oceanografia e le scienze sociali. Le sfide scientifiche includono la modellazione accurata della formazione e della traiettoria di questi sistemi, nonché la valutazione integrata degli impatti ambientali e sociali.

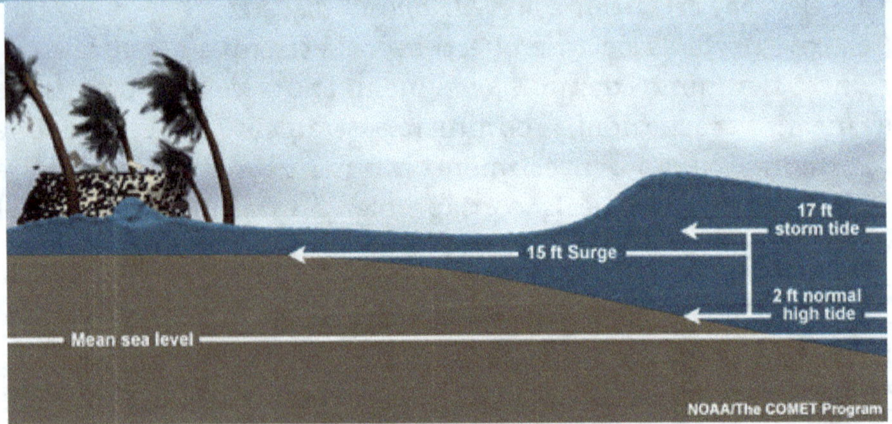

Scala Saffir Simpson: immagini NOAA

CAPITOLO 13: CLIMA E AGRICOLTURA: TENDENZE E PROSPETTIVE

La simbiosi tra clima e agricoltura è una trama intricata che detta il destino della produzione alimentare globale. Questo capitolo si propone di esaminare le tendenze attuali e le prospettive future di questa complessa relazione, consapevoli delle sfide poste dai cambiamenti climatici e dalle mutevoli dinamiche dei modelli meteorologici.

13.1 Riconfigurazione dei modelli di precipitazione

I cambiamenti nei modelli delle precipitazioni stanno ridisegnando la geografia agricola, mettendo in discussione la regolarità delle precipitazioni stagionali e la disponibilità di acqua per l'irrigazione. Le regioni che dipendono dai regimi tradizionali delle precipitazioni si trovano ad affrontare crisi derivanti da siccità prolungate o piogge imprevedibili.

13.2 L'aumento degli eventi meteorologici estremi

Gli eventi meteorologici estremi, come ondate di caldo, tempeste e inondazioni, sono diventati protagonisti ricorrenti. Questi eventi, che portano venti distruttivi e piogge torrenziali, hanno un impatto diretto sui raccolti, provocando perdite significative e aumentando la vulnerabilità dei sistemi agricoli.

13.3 La danza variabile delle temperature medie e minime

Le variazioni delle temperature medie e minime influenzano la fenologia delle piante, perturbando i ritmi di crescita e di produzione. Questo fenomeno, in alcune regioni, offre condizioni più favorevoli per parassiti e malattie, costituendo una minaccia tangibile per la produttività agricola.

Agricoltura di precisione e rivoluzione digitale

L'agricoltura di precisione, supportata dalle tecnologie digitali, emerge come un faro di speranza. Sensori remoti, droni e sistemi di informazione geografica convergono per fornire un monitoraggio e una gestione precisi delle condizioni del suolo, del clima e delle colture, ridefinendo la gestione agricola.

13.4 La frontiera genetica e le cultivar resilienti

La ricerca genetica svolge un ruolo centrale nella creazione di varietà di colture resistenti alle avversità climatiche. Queste cultivar, progettate per resistere a temperature estreme, stress idrico e parassiti indotti dai cambiamenti climatici, sono in prima linea nella salvaguardia della produzione agricola.

13.5 Equilibrio sostenibile e pratiche di conservazione

Le pratiche agricole sostenibili, tra cui la rotazione delle colture, la gestione integrata dei parassiti e la conservazione del suolo, emergono come baluardi di resilienza. Questi non solo aumentano la capacità di adattamento ai cambiamenti climatici, ma promuovono la sostenibilità a lungo termine.

13.6 Sfide future e strategie di mitigazione

Il perfezionamento dei modelli climatici e dei sistemi di previsione regionalizzati diventa imperativo. Anticipare con precisione le condizioni meteorologiche stagionali consente agli agricoltori di prendere decisioni informate sulla semina, l'irrigazione e la raccolta, favorendo un adattamento efficace.

13.7 Ridurre l'impronta di carbonio agricola

L'agricoltura appare come una notevole fonte di emissioni di gas serra. Le strategie di mitigazione, che abbracciano pratiche agricole a basse emissioni di carbonio, una gestione efficiente dei fertilizzanti e la transizione verso le energie rinnovabili, si distinguono come catalizzatori essenziali nella riduzione dell'impronta di carbonio del settore.

13.8 Cooperazione globale e politiche agricole convergenti

È fondamentale progettare politiche agricole in linea con il cambiamento climatico e promuovere una solida cooperazione internazionale. La condivisione di tecnologie, risorse e pratiche sostenibili tra le nazioni emerge come un approccio collaborativo fondamentale per garantire la sicurezza alimentare globale.

Il destino dell'agricoltura, immersa in uno scenario climatico in cambiamento, è intrinsecamente legato alla resilienza, all'innovazione e alla cooperazione. L'agricoltura non solo modellerà il proprio adattamento al cambiamento, ma, così facendo, diventerà una forza attiva nella mitigazione degli impatti ambientali.

CAPITOLO 14: CLIMA URBANO E PIANIFICAZIONE SOSTENIBILE

La crescita accelerata delle aree urbane ha intensificato le sfide legate al clima, richiedendo un approccio integrato e sostenibile alla pianificazione urbana. Esamineremo l'interazione tra clima e aree urbane, esplorando strategie di pianificazione sostenibile per affrontare gli impatti dei cambiamenti climatici nelle città in espansione.

14.1 Isole di calore urbane

L'isola di calore urbana è un fenomeno climatico che si verifica nelle aree urbane dove le temperature sono significativamente più elevate rispetto alle zone rurali circostanti. Questo fenomeno è causato da una combinazione di fattori legati alle attività umane e all'ambiente urbano. Ecco alcuni dei principali fattori che contribuiscono alla formazione delle isole di calore urbane:

1. **Calcestruzzo e asfalto:** le superfici urbane, come strade, marciapiedi ed edifici, assorbono e trattengono il calore in modo più efficiente rispetto alle superfici naturali, come il suolo e la vegetazione. Durante il giorno, queste superfici si riscaldano sotto la luce del sole e rilasciano calore durante la notte, contribuendo all'aumento delle temperature urbane.

2. **Riduzione della vegetazione:** la sostituzione delle aree verdi con strutture urbane si traduce in una minore vegetazione per fornire ombra e svolgere la traspirazione, il processo mediante il quale le piante rilasciano vapore acqueo nell'atmosfera, raffreddando così l'ambiente.

3. **Attività umane:** le emissioni di calore provenienti da edifici, veicoli e altre attività umane contribuiscono all'aumento delle temperature locali. Ulteriori fonti di calore sono gli impianti di

climatizzazione, le fabbriche e gli impianti di riscaldamento.

4. Configurazione della ventola: nelle aree urbane, gli edifici spesso bloccano la circolazione dell'aria, impedendo la circolazione di aria fresca e rendendo difficile la dissipazione dell'aria calda, il che può intensificare l'effetto isola di calore.

Gli effetti delle isole di calore urbane possono includere temperature più elevate, maggiore domanda di raffreddamento, aumento del consumo di energia, maggiore disagio termico e persino impatti sulla salute pubblica.

14.2 Strategie di mitigazione e adattamento

La promozione degli spazi verdi e delle aree pubbliche sostenibili aiuta a mitigare le isole di calore urbane fornendo ombreggiatura, assorbimento del calore e migliorando la qualità dell'aria. Questo approccio non solo risponde alle sfide climatiche, ma contribuisce anche al benessere generale della comunità urbana.

L'architettura sostenibile e la progettazione di edifici efficienti dal punto di vista energetico sono fondamentali per ridurre il consumo di energia nelle aree urbane. Materiali da costruzione riflettenti, sistemi di ventilazione efficienti e l'integrazione di tecnologie di energia rinnovabile sono strategie cruciali per lo sviluppo di città sostenibili.

14.3 Pianificazione integrata dell'uso del territorio e dei trasporti

Integrare l'uso del territorio e la pianificazione dei trasporti è essenziale per ridurre le emissioni di gas serra nelle aree urbane. Incoraggiare il trasporto pubblico, sviluppare piste ciclabili e creare zone pedonali sono iniziative che non solo affrontano il cambiamento climatico, ma migliorano anche la mobilità urbana.

14.4 Crescita urbana sostenibile ed espansione pianificata

La sfida sta nel conciliare la necessaria crescita urbana con pratiche sostenibili. L'espansione pianificata, considerando i principi di sostenibilità, offre opportunità per creare città più resilienti, efficienti e vivibili.

14.5 Partecipazione della comunità e consapevolezza ambientale

La partecipazione attiva della comunità e la consapevolezza ambientale sono elementi chiave per il successo dell'attuazione delle strategie di adattamento climatico nelle aree urbane. Le iniziative educative e l'inclusione della comunità nel processo di pianificazione sono fondamentali per promuovere una mentalità sostenibile.

14.6 Tecnologie innovative e città intelligenti

L'integrazione di tecnologie innovative e lo sviluppo delle città intelligenti offrono opportunità per migliorare l'efficienza dei servizi urbani e monitorare e rispondere rapidamente ai cambiamenti climatici. Sensori ambientali, reti energetiche intelligenti e soluzioni per la gestione dei rifiuti sono esempi di innovazioni che possono contribuire a città più sostenibili. La sfida di armonizzare lo sviluppo urbano con la sostenibilità climatica è un viaggio continuo. La pianificazione urbana sostenibile, permeata dalle innovazioni tecnologiche e dalla partecipazione della comunità, è la chiave per creare città resilienti e adattabili di fronte alle sfide poste dai cambiamenti climatici.

CAPITOLO 15: CLIMA E SOCIETÀ – IMPLICAZIONI E SFIDE

Il rapporto tra clima e società è complesso e sfaccettato. Questo capitolo esplora le implicazioni dei cambiamenti climatici sulle comunità umane, evidenziando le sfide che si presentano e le strategie necessarie per promuovere la resilienza e l'adattamento a un clima in evoluzione.

I cambiamenti climatici influenzano la produzione agricola, compromettendo la sicurezza alimentare. Le comunità che dipendono dall'agricoltura devono affrontare sfide crescenti, tra cui la variabilità delle colture e la perdita di colture di sussistenza.

L'incidenza di malattie trasmesse da vettori come la malaria e la febbre dengue è correlata al cambiamento climatico. L'aumento delle temperature e l'alterazione dei regimi delle precipitazioni influiscono sulla distribuzione geografica di queste malattie, influenzando la salute pubblica e il benessere delle comunità.

Eventi meteorologici estremi, come inondazioni e siccità prolungate, possono innescare migrazioni forzate. Le comunità costiere, in particolare, si trovano ad affrontare crescenti minacce derivanti dall'innalzamento del livello del mare, con conseguenti spostamenti e ulteriori pressioni sulle aree urbane.

Le comunità emarginate, spesso dipendenti dalle risorse naturali, si trovano ad affrontare una vulnerabilità esacerbata. Le strategie di adattamento devono incorporare un approccio equo, riconoscendo e affrontando le disparità sociali nella capacità di rispondere ai cambiamenti climatici.

Una governance efficace è fondamentale per coordinare gli sforzi di mitigazione e adattamento. La cooperazione internazionale, facilitando il trasferimento di tecnologia e risorse, è essenziale per rafforzare la resilienza delle comunità e dei paesi più vulnerabili.

L'istruzione svolge un ruolo centrale nella costruzione della resilienza. Aumentare la consapevolezza sui cambiamenti climatici, sui loro impatti e sulle pratiche sostenibili è essenziale per consentire alle comunità di adottare misure proattive e partecipare attivamente all'adattamento.

Le innovazioni tecnologiche come i sistemi di allarme rapido, le app di previsione meteorologica e le tecnologie agricole avanzate svolgono un ruolo cruciale nel rafforzamento della resilienza. L'implementazione di queste tecnologie può migliorare la capacità delle comunità di rispondere ai cambiamenti climatici.

La transizione verso le fonti energetiche rinnovabili rappresenta una strategia fondamentale per ridurre le emissioni di gas serra. Lo sviluppo di infrastrutture sostenibili e la promozione di pratiche energetiche pulite sono componenti essenziali nella costruzione di una società resiliente ai cambiamenti climatici.

La considerazione delle questioni etiche è centrale nelle discussioni sul cambiamento climatico. L'equità intergenerazionale e la responsabilità storica evidenziano la necessità di affrontare le disuguaglianze derivanti da attività passate e presenti che hanno contribuito al cambiamento climatico.

Il perseguimento della giustizia climatica implica garantire che le comunità più colpite abbiano voce in capitolo nelle decisioni che influiscono sulle loro vite. La partecipazione attiva della comunità allo sviluppo di politiche e strategie è essenziale per garantire un approccio giusto ed equo.

L'intricata relazione tra clima e società richiede approcci olistici e collaborativi. Di fronte alle sfide poste dal cambiamento climatico, è imperativo adottare strategie che promuovano la resilienza, l'equità e la sostenibilità, garantendo un futuro vivibile per tutte le comunità.

CAPITOLO 16: STRUMENTI E MODELLI IN CLIMATOLOGIA

Comprendere i modelli meteorologici e i cambiamenti climatici richiede l'uso di vari strumenti e modelli climatologici. Esploriamo le principali tecniche e approcci utilizzati per analizzare e prevedere il clima, evidenziando l'importanza di questi strumenti nella ricerca climatologica. Viene descritta la varietà degli strumenti utilizzati per la raccolta dei dati meteorologici. Dai termometri e barometri ai satelliti e ai radar, la strumentazione gioca un ruolo cruciale nell'ottenere informazioni accurate sulle condizioni meteorologiche.

Rilevamento remoto si riferisce all'ottenimento di informazioni su oggetti, aree o fenomeni sulla Terra (o su altri corpi celesti) senza essere in contatto fisico diretto con essi. Ciò avviene attraverso la rilevazione e l'analisi della radiazione elettromagnetica riflessa, emessa o trasmessa dagli oggetti in questione.

I sensori remoti possono essere installati su satelliti, aerei, droni o altre piattaforme per raccogliere dati sulla superficie terrestre. Questi sensori possono catturare una varietà di lunghezze d'onda elettromagnetiche, dalla luce visibile alle radiazioni infrarosse e alle microonde. Diversi tipi di sensori vengono utilizzati per scopi diversi, come il monitoraggio del clima, il rilevamento dei cambiamenti nella copertura del suolo, l'osservazione delle risorse naturali, la mappatura topografica, tra gli altri.

Questo strumento svolge un ruolo fondamentale in diversi ambiti, tra cui il monitoraggio ambientale, l'agricoltura di precisione, la gestione delle risorse naturali, la prevenzione dei disastri, la pianificazione urbana, la cartografia e gli studi scientifici. La capacità di ottenere informazioni dettagliate su vaste aree geografiche in modo efficiente rende il telerilevamento uno strumento prezioso in molti campi.

Il Climate Modeling è un approccio scientifico che utilizza modelli computerizzati per simulare il comportamento del sistema climatico terrestre. Questi modelli sono costruiti sulla base di principi fisici, chimici e matematici che rappresentano le complesse interazioni tra atmosfera, oceani, criosfera, biosfera e altri componenti del sistema Terra.

I modelli climatici sono essenziali per comprendere le condizioni climatiche passate, presenti e future, nonché per studiare gli impatti delle attività umane, come le emissioni di gas serra, sui cambiamenti climatici. Questi modelli considerano una varietà di processi, tra cui la radiazione solare, la circolazione atmosferica, il trasferimento di calore dell'oceano, la formazione delle nuvole, le interazioni tra il suolo e l'atmosfera, tra gli altri.

Gli scienziati del clima utilizzano dati osservativi per inizializzare e convalidare questi modelli. Eseguono anche simulazioni per esplorare diversi scenari climatici in condizioni diverse, come l'aumento delle concentrazioni di gas serra. La modellizzazione climatica contribuisce in modo significativo alle previsioni climatiche a breve e lungo termine, consentendo a ricercatori e politici di comprendere meglio le dinamiche climatiche e prendere decisioni informate relative al cambiamento climatico e alla mitigazione dell'impatto.

I sistemi di informazione geografica (GIS) sono strumenti tecnologici che integrano dati geografici per archiviare, analizzare, interpretare e visualizzare informazioni relative a posizioni specifiche sulla Terra. Questi sistemi consentono la combinazione di dati spaziali (informazioni con componenti di localizzazione geografica) con attributi associati a tali località, fornendo una comprensione più completa e contestualizzata di fenomeni e modelli.

Principali caratteristiche dei GIS:

1. *Integrazione dei dati spaziali*: Il GIS consente la combinazione di dati provenienti da varie fonti, come mappe, immagini satellitari, dati di telerilevamento, informazioni topografiche, tra gli altri, per creare set di dati georeferenziati.

2. *Analisi spaziale*: Gli utenti possono eseguire analisi spaziali complesse per identificare modelli, tendenze e relazioni tra diversi elementi geografici. Ciò include operazioni come sovrapposizione, prossimità e analisi di modelli spaziali.

3. *Visualizzazione*: I GIS offrono strumenti per creare mappe tematiche e visualizzazioni interattive, facilitando l'interpretazione e la comunicazione delle informazioni geografiche.

4. *Archiviazione e gestione dei dati*: I dati geografici sono archiviati in modo organizzato in database geografici, facilitando l'accesso, l'aggiornamento e la gestione efficiente delle informazioni.

5. *Processo decisionale*: I GIS sono ampiamente utilizzati nel processo decisionale in vari settori, come la pianificazione urbana, la gestione ambientale, l'agricoltura, il monitoraggio dei disastri, tra gli altri.

6. *Modellazione e simulazione*: Alcuni GIS consentono la creazione di modelli e simulazioni per comprendere meglio gli impatti dei cambiamenti e degli eventi in un contesto geospaziale.

I GIS vengono applicati in una varietà di settori, tra cui geografia, geologia, ecologia, pianificazione urbana, agronomia, gestione delle risorse naturali, tra gli altri. Svolgono un ruolo chiave nell'analisi spaziale e nell'ottenimento di preziose informazioni per il processo decisionale in diverse discipline.

analisi statisticain climatologia si riferisce all'applicazione di metodi statistici per comprendere modelli, variazioni e tendenze nei dati climatici. Questo approccio è fondamentale per estrarre informazioni significative da ampi insiemi di dati climatici, consentendo agli scienziati del clima e ai meteorologi di comprendere meglio il comportamento climatico nel tempo.

Le principali tecniche di analisi statistica utilizzate in climatologia includono:

1. Tendenze temporali: L'analisi delle tendenze cerca di identificare i cambiamenti sistematici nel tempo nelle variabili climatiche, come la temperatura media, le precipitazioni, tra gli altri. Ciò può comportare metodi come la regressione lineare per quantificare la direzione e l'entità dei cambiamenti.

2. Analisi della variabilità: La variabilità climatica si riferisce alle fluttuazioni naturali delle condizioni meteorologiche nel tempo. I metodi statistici, come l'analisi delle serie temporali e gli indici di variabilità, aiutano a quantificare queste fluttuazioni e a identificare modelli ricorrenti, come El Niño e La Niña.

3. Distribuzione delle probabilità: La climatologia si occupa spesso di eventi estremi come ondate di caldo, tempeste e siccità. L'analisi statistica della distribuzione di probabilità di questi eventi consente di stimare la probabilità di accadimento e valutare i rischi associati.

4. Correlazione e regressione: Le analisi di correlazione e regressione vengono utilizzate per comprendere le relazioni tra le diverse variabili climatiche. Ad esempio, si può analizzare la relazione tra la temperatura dell'aria e la quantità di pioggia in una determinata regione.

5. Analisi spaziale: Oltre alle analisi temporali, l'analisi statistica può essere applicata anche spazialmente. Ciò include l'identificazione di modelli geografici come gradienti di temperatura o variazioni delle precipitazioni in una regione.

L'analisi statistica in climatologia è fondamentale per interpretare dati climatici complessi, fornendo informazioni sui modelli meteorologici, sui cambiamenti a lungo termine e sugli eventi estremi. Queste informazioni sono fondamentali per il processo decisionale in settori quali la gestione delle risorse idriche, l'agricoltura, la pianificazione urbana e l'adattamento ai cambiamenti climatici.

I Modelli di Circolazione Generale (GCM) sono strumenti computazionali avanzati utilizzati per simulare il sistema climatico della Terra su scala globale. Questi modelli sono costruiti su principi fisici e matematici che descrivono le complesse interazioni tra atmosfera, oceani, criosfera (strati di ghiaccio e neve), biosfera e altri componenti del sistema Terra.

Caratteristiche principali dei modelli di circolazione generale:

1. *Scala globale*: I GCM comprendono l'intera Terra, dividendo il pianeta in una griglia tridimensionale per rappresentare l'atmosfera e la superficie terrestre. Ciò consente la simulazione di processi su scala globale.

2. *Risoluzione spaziale e temporale*: Questi modelli hanno risoluzioni spaziali e temporali variabili, consentendo la rappresentazione di fenomeni a diverse scale, dai modelli meteorologici globali agli eventi locali.

3. *Componenti atmosferiche e oceaniche:*I GCM includono moduli per simulare l'atmosfera e l'oceano, considerando processi come la circolazione atmosferica, il trasferimento di calore negli oceani, la formazione delle nuvole, tra gli altri.

4. *Cicli biogeochimici*: Alcuni GCM incorporano componenti biogeochimici per simulare i cicli del carbonio, dell'azoto e di altri elementi, consentendo un approccio più completo alle interazioni tra l'atmosfera e la biosfera.

5. *Forze esterne:*I GCM possono essere utilizzati per valutare l'impatto di forzanti esterne, come cambiamenti nelle concentrazioni di gas serra, aerosol e altri cambiamenti nella composizione atmosferica.

6. *Proiezioni climatiche*: I GCM sono ampiamente utilizzati per effettuare proiezioni climatiche future, considerando diversi scenari di emissioni di gas serra. Ciò aiuta a comprendere i possibili cambiamenti climatici e i loro impatti.

I modelli di circolazione generale sono fondamentali per la ricerca climatologica e vengono utilizzati per studiare i cambiamenti climatici, comprendere i modelli climatici passati e presenti e prevedere possibili scenari futuri. Svolgono un ruolo cruciale nella valutazione degli impatti delle attività umane sul clima globale e nella formulazione di politiche relative al cambiamento climatico.

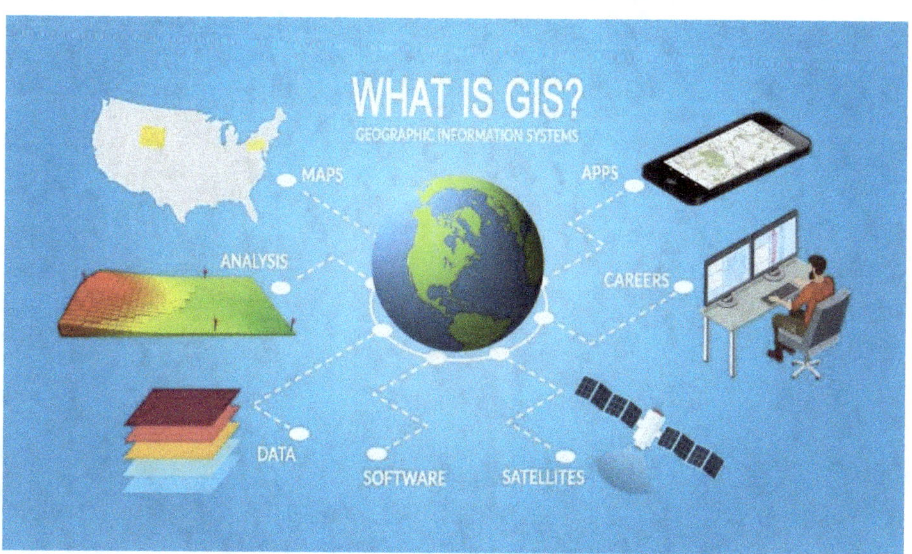

Tecnologia GIS

EPILOGO

Giunti alla fine di questo viaggio attraverso le pagine dedicate allo studio della climatologia, è imperativo riflettere sulle complesse interazioni tra clima e società che sono state meticolosamente esplorate in questo libro. La comprensione del clima va oltre i grafici meteorologici e le tendenze meteorologiche; scopre le intricate relazioni tra l'ambiente naturale e il mondo umano.

Questo libro ha cercato non solo di presentare concetti accademici, ma ha anche sfidato noi, lettori e ricercatori, a considerare le implicazioni etiche e sociali del cambiamento climatico. Dai primi capitoli che approfondivano gli strati atmosferici alle discussioni sull'impatto sulle comunità, il filo conduttore è stata la consapevolezza che il clima non è solo un fenomeno lontano, ma qualcosa che modella quotidianamente la nostra vita.

L'approccio interdisciplinare qui adottato ha cercato di evidenziare l'importanza di collegare i punti tra diversi campi della conoscenza. La climatologia, per sua natura, trascende i confini, unendo le scienze naturali, sociali e umane. In ogni capitolo esploriamo non solo i fondamenti scientifici ma anche le implicazioni etiche, politiche e sociali del cambiamento climatico.

La sfida che dobbiamo affrontare come società è chiara: l'urgente necessità di agire. Le prove scientifiche presentate in questo libro sono innegabili. Il cambiamento climatico è una realtà che richiede una risposta collettiva. Il ruolo dell'istruzione, dell'innovazione tecnologica, della pianificazione urbana sostenibile e della giustizia climatica diventa sempre più cruciale.

La consapevolezza suscitata da questo libro non deve limitarsi alle pagine stampate, ma sbocciare in azioni tangibili. Dobbiamo tradurre le conoscenze acquisite in pratiche quotidiane che promuovano la sostenibilità, la resilienza e la giustizia. Ognuno di noi svolge un ruolo vitale nella costruzione di un futuro in cui le generazioni future possano ereditare un pianeta sano ed equilibrato.

Possa questo libro non solo essere un punto finale, ma un punto di partenza per un viaggio continuo verso la comprensione, la responsabilità e l'azione. Possano le idee qui presentate servire da faro, illuminando il percorso verso un futuro in cui l'armonia tra l'umanità e il clima non sia solo un'aspirazione, ma una realtà realizzata.

---

[1] Venti che dividono le terre dell'Algarve. Da un lato c'è il sopravvento, dall'altro quello sottovento.

[2] In fisica, un sistema isolato da qualsiasi scambio termico.

[3] La scala Saffir-Simpson, creata nel 1969 da Herbert Saffir e Robert Simpson, classifica i cicloni tropicali in cinque categorie, a seconda dell'intensità del vento.

INFORMAZIONI SULL'AUTORE

José Ruiz Watzeck

Giornalista, scrittore, autore, geografo, matematico, professore, neuropsicopedagogista, specialista nell'insegnamento superiore, laureato in Auditing, Management e Licenze ambientali, laureato in Geoprocessing e Georeferenziazione, pedagogista.

www.ingramcontent.com/pod-product-compliance
Lightning Source LLC
Chambersburg PA
CBHW070139260726
48658CB00001B/487